国家中等职业教育改革发展示范校建设项目成果教材

机械基础

潘文菁 贾晓燕◇主编

JIXIE JICHU

U0321183

西南交通大学出版社

·成 都·

图书在版编目（CIP）数据

机械基础／潘文菁，贾晓燕主编．—成都：西南交通大学出版社，2015.6

国家中等职业教育改革发展示范校建设项目成果教材

ISBN 978-7-5643-3947-0

Ⅰ．①机… Ⅱ．①潘… ②贾… Ⅲ．①机械学－中等专业学校－教材 Ⅳ．①TH11

中国版本图书馆 CIP 数据核字（2015）第 124512 号

国家中等职业教育改革发展示范校建设项目成果教材

机械基础

潘文菁　贾晓燕　主编

责任编辑	孟苏成
封面设计	墨创文化
出版发行	西南交通大学出版社 （四川省成都市金牛区交大路 146 号）
发行部电话	028-87600564　028-87600533
邮政编码	610031
网址	http://www.xnjdcbs.com
印刷	四川煤田地质制图印刷厂
成品尺寸	210 mm × 285 mm
印张	8.5
字数	258 千
版次	2015 年 6 月第 1 版
印次	2015 年 6 月第 1 次
书号	ISBN 978-7-5643-3947-0
定价	25.00 元

课件咨询电话：028-87600533

图书如有印装质量问题　本社负责退换

前　言

　　"机械基础"是职业学校机电类各专业必修的一门专业技术基础课。为深化中等职业教育课程改革,本教材以专业教学计划培养目标为依据,以岗位需求为基本出发点,以学生发展为本位,确立知识、能力与素质"三位一体"的课程教学目标,融工程力学、工程材料、机构与机械零件、机械传动等内容为一体,统筹安排课程教学内容。

　　教材内容体现先进性、通用性、实用性,将本专业新技术、新工艺、新材料适度地纳入教材,使教材更贴近本专业的发展和实际需要。突出实用性,删除不必要的理论,如渐开线的特点、铰链四杆机构的演化;增加数控机床常用的同步齿形带、滚珠螺旋传动,体现先进性。

　　一、专业知识目标

　　◆了解工程力学的基本概念,理解平面力系及空间力系的合成与平衡方法;了解直杆材料的基本变形形式。

　　◆了解一般机械中常用工程材料的类别、性能及选材原则,了解金属材料热处理的作用和常见方法。

　　◆掌握或了解一般机械中常用机构和通用零件的工作原理、组成、性能和特点,能够正确使用这些机构和零件。

　　◆掌握或了解一般机械中机械传动组成、工作原理、应用特点等知识和技能。

　　◆能综合运用所学知识解决一般工程问题。

　　二、专业能力目标

　　◆能运用所学知识分析并解决工程实际中的简单力学问题。

　　◆能识别材料牌号,判断材料的性能。

　　◆理解材料退火、正火、淬火、回火热处理、表面淬火、化学热处理工艺　　　　的作用。

　　◆具有选择简单机械装置和零(部)件的初步能力。

　　◆初步具有运用各种相关技术资料的能力,能综合运用所学知识解决一般工程问题。

　　三、社会能力目标

　　◆具有崇尚科学、追求真理的精神,锐意进取的品质,独立思考的学习习惯,求真务实、踏实严谨的工作作风和创新意识、创新精神。

　　◆具备善于总结、力求上进的工作精神。具备吃苦耐劳、顾全大局、团结协作的工作态度。

◆具备善于听取他人意见、遵守操作规程和规章制度、诚恳敬业的职业行为，具有良好的职业道德。

本书由潘文菁、贾晓燕主编，楼杰挺等参编。在本书的编写过程中得到领导的关怀、同事们的帮助，在此表示衷心的感谢！

由于编者水平有限，编写时间仓促，遗憾之处在所难免，恳请读者批评指正。

编　者

2015 年 4 月

扫描二维码可以获得本书的
数字资源、修订与勘误

http://url.xnjd.cn/sxzzsfjc/11.html

目　录

绪　论

本课程是中等职业学校机械专业的一门综合性的基础课。所谓综合性，是因为这门课程内容包括工程力学、金属材料与热处理、机械零件与机械传动等多方面的内容；所谓基础，是因为无论从事机械制造或维修，还是使用、研究机械或机器，都要运用到这些基本知识。

在生产实践中，常用的机械设备和工程部件都是由许多构件组成的，当它们承受载荷或传递运动时，每个构件必须具有足够的承载能力，以保证安全可靠地工作。要安全可靠地工作，构件必须具有足够的强度、刚度和稳定性。在实际工作中，为了安全则要求选用较好的材料或采用较大的截面尺寸；为了经济则要求选用价廉的材料或采用较小的截面尺寸。显然，这两个要求是相互矛盾的。工程力学则为分析构件的强度、刚度和稳定性提供了基本理论与方法。

构件是由材料制成的。没有材料，机械是不存在的。机械零件的质量好坏和使用寿命的长短都与它所用的材料直接有关，而机械工程材料的基本知识为我们合理地选择材料、充分发挥材料本身的性能潜力提供了基础。

为了正确使用和管理机器，必须了解机器的组成。从运动上看，机器由若干传动机构组成。从结构上看，机器由若干零件组成。要了解机器，就要了解机构的工作原理、特点及应用，并要了解通用零件的类型、结构、材料、标准及选择方法。

综上所述，要制造、维修、使用常用的机械设备和工程结构，必须具有力学、材料、机构与机械零件的相关知识，并能综合运用。而这些正是本课程的主要内容，因而本门课程是一门综合介绍机械或机器的基本课程。

通过本课程的学习，可以了解机器的组成；了解构件受力分析、基本变形方式和强度计算方法；了解常用机械工程材料的种类、牌号、性能和应用，明确热处理目的；熟悉通用机械零件和机械传动；初步具有分析一般机械功能和动作的工作原理和特点的能力；初步具有使用和维护一般机械的能力；学会使用标准、规范手册和图册等有关技术资料的方法；从而为学习职业岗位技术、形成职业能力打下基础。

学习本课程要以辩证唯物论为指导，贯彻理论联系实际的原则，并注意在实验、实习、生产劳动中积累经验，观察思考问题，运用知识，深化知识，拓宽知识，提高专业素质和能力。

第一章

力学基础

机床、内燃机等各种机械都是由许多不同的构件组成的。当机械工作时，这些构件将受到外力作用，因此，对机械的研究、制造和使用都应以力学理论为基础，以保证机械及其构件具有足够的的承载能力，使机械安全、可靠地工作。本章主要就理论力学基础（静力学部分）和材料力学基础做简要介绍。

第一节　刚体的受力分析

机械运动是物体在空间的相对位置随时间而发生的改变。理论力学是研究物体机械运动一般规律的科学。如汽车行驶、地球的转动，内容包括静力学、运动学、动力学。

物体相对于地球处于静止状态或作匀速直线运动称为平衡。物体受力情况和物体在外力作用下的平衡规律则为静力学。

一般情况下，构件受力后产生的变形，相对构件的几何尺寸而言是微小的，对研究构件整体平衡或运动影响甚微，可忽略不计，从而可近似认为构件受力时不产生变形，这种理想化的物体称为刚体。这样，在研究构件平衡问题时，略去与平衡无关或关系甚少的因素，可使问题的研究得到简化。

一、力的定义

力是物体间的相互机械作用，这种作用使物体的运动状态发生变化或物体产生变形。这种作用存在于物体与物体之间，例如物体相互吸引的万有引力，相互接触物体之间的挤压力，以及相互接触且具有相对运动或运动趋势的物体间的摩擦力等，都是物体之间产生的相互作用。也就是说，物体的机械运动状态发生的变化，都是由于其他物体对该物体所施加的力的作用结果。力的作用效果取决于 3 个要素，称为力的三要素（见图 1.1）：

（1）力的大小，表示物体间相互机械作用的强弱程度。

（2）力的方向，表示力的作用线在空间的方位和指向。

（3）力的作用点，表示力的作用位置。

力是一个既有大小又有方向的矢量。如图 1.2 所示，力矢

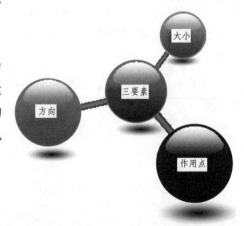

大小

三要素

方向

作用点

图 1.1

量在图上用带箭头的有向线段 AB 表示，箭头的指向表示力的方向，线段的起点表示作用点，大小为有向线段 AB 的长度，力矢量常用黑体字线 F 表示，在国际单位制中以牛为力的单位，记作 N，有时也用千牛，记作 kN。

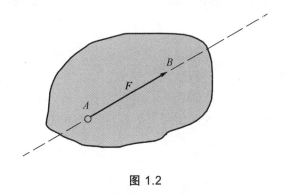

图 1.2

作用于物体上的一群力称为力系。如果物体在一力系的作用下处于平衡状态，则该力系称为平衡力系。

二、静力学的基本公理

静力学的基本公理是静力学的基础，是符合客观实际的普遍规律，是人们长期生活和实践积累的经验总结。

公理 1（二力平衡公理）

作用于刚体上的两个力，使刚体处于平衡状态的必要和充分条件是：两力大小相等，方向相反且作用在同一直线上，如图 1.3、图 1.4 所示。

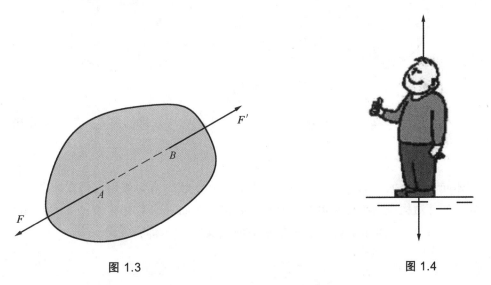

图 1.3   图 1.4

只受两个力作用并处于平衡的物体称为二力构件。在生产实际中广泛存在，如图 1.5 所示，AB 杆处于平衡状态，故作用在 AB 杆上的两个力大小相等、方向相反，作用在两力作用点的连线上。如果构件是直杆，则称为二力杆件（简称二力杆）。

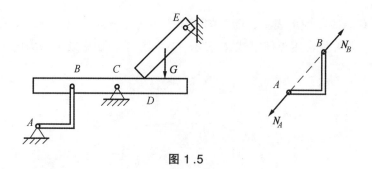

图 1.5

公理二（加减平衡力系公理）

在作用着已知力系的刚体上加上或减去任一平衡力系，并不改变原力系对刚体的效应，如图 1.6 所示。

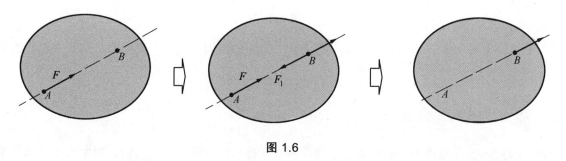

图 1.6

推论 1（力的可传递性）

作用于刚体的力可沿其作用线移至刚体的任一点，而不改变此力对刚体的效应，如图 1.7 所示。

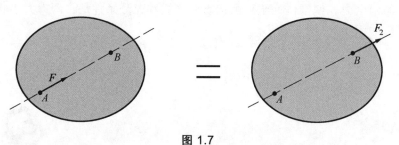

图 1.7

由此可见，对于刚体来说，力的作用点已不是决定力的作用效果的要素，它可被作用线代替。故力的三要素可改变为大小、方向、作用线。

公理三（力的平行四边形公理）

作用于物体同一点上的二力可以合成为一个力（称为合力）。合力作用点仍在该点，合力的大小和方向由以两分力为邻边构成的平行四边形的对角线确定。例如，以作用于 O 点的二力 $\boldsymbol{F_1}$、$\boldsymbol{F_2}$ 的力矢构成平行四边形 $OACB$，则对角线就代表合力矢 $\boldsymbol{R}$[图 1.8（a）]。即：

$$\boldsymbol{R} = \boldsymbol{F_1} + \boldsymbol{F_2} \tag{1-1}$$

显然，只作出力三角形 BAC[图（b）]，也可求得合力矢 $\boldsymbol{R}$。

推论 2（三力平衡汇交定理）

当刚体受 3 个力作用而处于平衡时，若其中两个力的作用线汇交于一点，则第三个力的作用线必交于同一点，且 3 个力的作用线在同一平面内。如图 1.9 所示，$\boldsymbol{F_1}$、$\boldsymbol{F_2}$ 汇交于一点 A，则 $\boldsymbol{F_3}$ 通过该点。

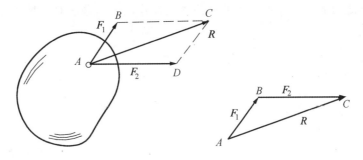

图 1.8

公理四（作用力与反作用公理）

作用力与反作用力总是同时存在，两力的大小相等方向相反，沿着同一直线分别作用在两个相互作用的物体上。如图 1.10 所示，榔头锤击钉子，榔头对钉子的作用力为 F_{12}，钉子对榔头产生一个反作用力 F_{21}，这两个力即为作用力与反作用力，$F_{12} = -F_{21}$。

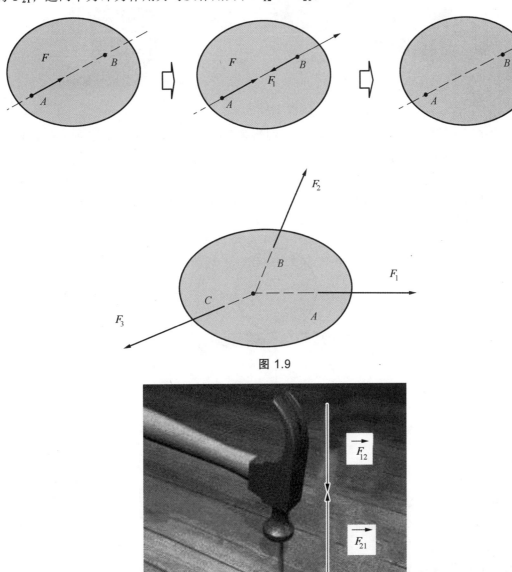

图 1.9

图 1.10

公理四说明了物体之间的相互关系，表明作用力与反作用力总是成对出现的，不能把作用力与反作用力看成是一对平衡力。

三、约束和约束反力

我们把空间不受位移限制的物体称为自由体，如飞机、气球等（见图 1.11）。

图 1.11

而有些物体在空间的位移受到一定限制，称它们为非自由体，如：机车受钢轨的限制只能沿轨道行驶，吊车吊起的重物受钢索的限制不能下落。在工程实际中，每个构件都以一定的形式与周围物体相互连接，因而其运动受到一定的限制。凡是对物体运动起限制作用的周围物体，就称为约束。如图 1.12 所示，放在地面上的物体，其向下的运动受到地面的限制，地面就是物体的约束。

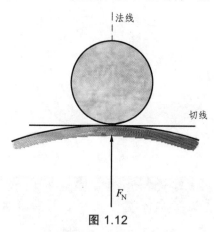

图 1.12

约束是限制物体的运动，且这种限制是通过力的作用来实现的。因此，约束对物体的作用实际上就是力，这种力叫约束反力，简称反力。约束反力的方向与约束对物体限制其运动趋势的方向相反。约束反力的作用点即是约束与物体之间的相互作用点。在物体平衡力系中，约束反力总是未知的，往往需要和物体受到的其他已知力组成平衡力系，通过平衡条件求得其大小和方向。我们可以把物体所受的力分为两类：

一类是使物体产生运动或运动趋势的力，称为主动力，如重力，切削力；

另一类是限制物体运动的力，即约束反力。

物体所受主动力往往是给定的或是可测定的。

1. 光滑接触表面的约束

两物体相互接触，当接触表面非常光滑，摩擦可忽略不计时，即属于光滑接触表面约束。这类约束不能限制物体沿约束表面切线的位移，只能阻碍物体沿接触表面法线并向约束内部的位移。因此，光滑接触对物体的约束反力作用在接触处，方向沿接触表面的公法线并指向受力物体。这种约束反力称为法向反力，用 F_N 表示。

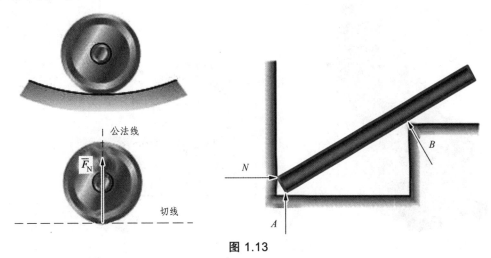

图 1.13

2. 柔性约束

由柔软的绳索、链条或胶带等构成的约束称为柔性约束。

如图 1.14（a）所示的绳索只受拉，它给物体的约束反力只能是拉力。因此，绳索对物体的约束反力作用在接触点，方向沿绳索背离物体。链条或胶带对物体的约束反力如图 1.14（b）所示，约束反力为拉力，方向沿轮缘的切线方向。

柔性约束只能限制物体沿柔体中心线背离柔体的运动，不能限制物体沿其他方向的运动；约束反力通过接触点沿柔体的中心线背离被约束物体，即物体受拉力。

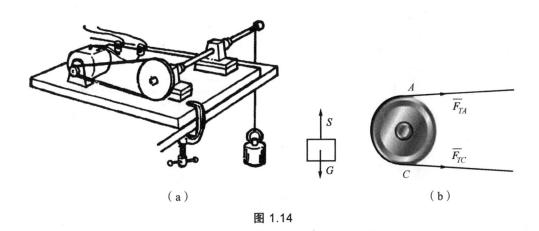

（a）　　　　　　　　　　　　　（b）

图 1.14

3. 光滑的铰链约束

由铰链构成的约束称为铰链约束。约束物与被约束物以光滑圆柱面相连接。其中一个为约束物，另一个为被约束物，只允许相对转动，而不允许相对移动。约束物不动时，称为固定铰链支座，简称固定铰支，其简图如图 1.15（b）所示。约束力为过接触点 A 沿径向的压力，由于接触点在圆周上的位置不能预先确定，因此，通常用两个相互垂直的分力代替，如图表示为 F_{aX}、F_{aY}。两分力的方位和指向可任意假设，假设与实际是否一致，由计算结果判定。

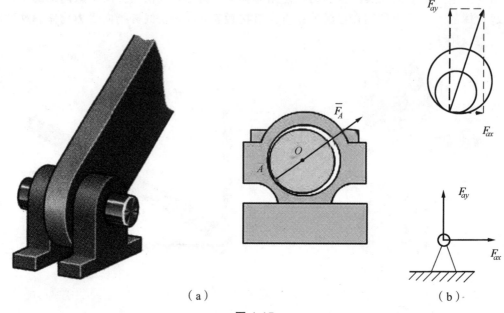

图 1.15

若在固定铰支座的下面放置一排辊轴，支座便可以沿支承面移动，称为活动铰支座，简称活动铰支，如图 1.16（a）所示。

活动铰支座只能限制物体沿垂直于支承面方向的运动，不能限制物体沿支承面的运动和绕销钉的转动；约束反力垂直于支承面，并通过铰链中心。活动铰支的约束性质与光滑接触表面的约束性质相同，其反力必垂直于固定面，如图 1.16（b）所示 F_N。

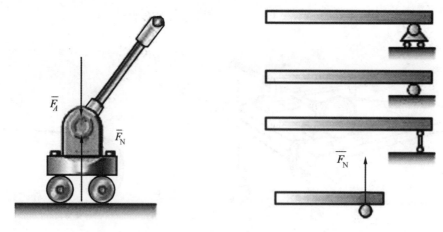

图 1.16

上述两种约束的特点是限制两物体径向相对运动，而不是限制两物体绕铰链中心相对转动。

四、物体受力分析和受力图

解决力学问题时，首先要选定需要进行研究的物体，即确定研究对象；然后考察和分析它的受力情况，这个过程称为进行受力分析。受力分析是指研究某个物体受到的力，并分析这些力对物体的作用情况，即研究各个力的作用位置、大小和方向。

为了清晰地表示物体受力情况，常需把研究的物体（称为受力体）从周围物体（称为施力体）中分离出来，然后把其他物体对研究对象的全部作用力用简图形式画出来。这种表示物体受力的简明图形，称为受力图。

受力分析过程：

（1）取研究对象或取分离体：把需要研究的物体从周围的物体中分离出来，单独画出它的简图。

（2）画受力图：将施力体对研究对象的作用力全部画在简图上（先主动力，后约束反力）。

受力分析是理论力学乃至整个力学课程的基本功，正确分析受力、画好受力图是解决力学问题的关键性的第一步。下面举例说明：

例 1-1：用力 **F** 拉动碾子以压平路面，碾子受到一台阶阻碍，如图 2.17（a）所示，画出碾子受力图。

解：（1）取碾子为研究对象，单独画出其简图。

（2）受力分析：画出已知主动力（重力 **W**、杆对碾子的拉力 **F**）。因碾子在 A、B 两点受到石块和地面的约束，故在 A 处受到法向约束反力 **F**$_{NA}$ 的作用，在 B 处受到地面的法向力 **F**$_{NB}$ 的作用，它们都沿碾子接触点的公法线指向圆心 O。

（3）画出受力简图，如图 1.17（b）所示。

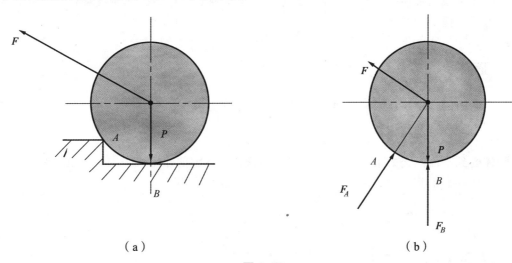

（a）　　　　　　　　　　　（b）

图 1.17

例 1-2：在如图 1.18（a）所示的平面系统中，匀质球 A 重 G_1，借本身重量和摩擦不计的理想滑轮 C 和柔绳维持在仰角是 α 的光滑斜面上，绳的一端挂着重 G_2 的物块 B。试分析物块 B，球 A 和滑轮 C 的受力情况，并分别画出平衡时各物体的受力图。

解：（1）物块 B 的受力图。

物块 B 受到自身重力 **G** 和绳索的约束，所受绳索的约束为柔性约束，绳索对物体的约束反力作用在接触点，方向沿绳索背离物体，如图 1.18（b）所示。

（2）球 A 的受力图。

球 A 受到自身重力 **G**、绳索的柔性约束和坡面的光滑面约束，绳索的约束反力作用在接触点，方向沿绳索背离物体；坡面约束反力作用在接触点，方向沿接触表面的公法线并指向受力物体，如图 1.18（c）所示。

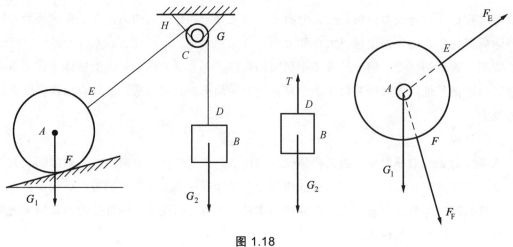

图 1.18

第二节　力系的简化和平衡方程

作用于物体上的一群力称为力系。如果物体在一力系的作用下处于平衡状态，则该力系称为平衡力系。

根据力的作用线是否共面可分为：平面力系、空间力系；根据力的作用线是否汇交可分为：汇交力系、平行力系、任意力系。

一、平面汇交力系

若力系中各力的作用线在同一平面内且相交于一点的力系，称为平面汇交力系。

1. 平面汇交力系合成与平衡的几何法

设一刚体受到平面汇交力系 F_1，F_2，F_3，F_4 的作用，各力的作用线汇交于点 A，根据刚体内部力的可传性，可将各力沿其作用线移至汇交点 A，如图 1.19（a）所示。

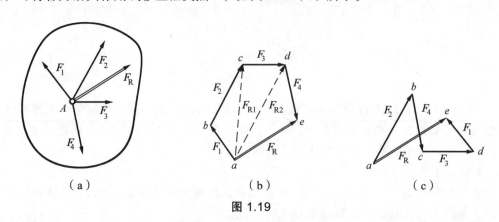

（a）　　　　　　　　（b）　　　　　　　（c）

图 1.19

为合成此力系，可根据力的平行四边形法则，逐步两两合成各力，最后求得一个通过汇交点 A 的合力 F_R；还可以用更简便的方法求此合力 F_R 的大小与方向：

任取一点 a，自点 a 将各分力的矢量依次首尾相连，由此组成一个不封闭的力多边形 *abcde*，如图

2.19（b）所示。此图中的虚线 $\overrightarrow{ac}$ 矢（F_{R1}）为力 F_1 与 F_2 的合力矢，又虚线 $\overrightarrow{ad}$ 矢（F_{R2}）为力 F_{R1} 与 F_3 的合力矢，在作力多边形时不必画出。

任意变换各分力矢的作图次序，可得形状不同的力多边形，但其合力 $\overrightarrow{ae}$ 矢仍然不变，如图 1.19（c）所示。封闭边矢量 $\overrightarrow{ae}$ 仅表示此平面汇交力系的合力 F_R 的大小与方向（即合力矢），而合力的作用线仍应通过原汇交点 A，如图 2.1a 所示的 F_R。

运用力的三角形法则，用上述作图方法可推广到平面汇交力系 n 个力的情况，并得结论：

平面汇交力系的合力等于各力的矢量和，合力的作用线通过各力的汇交点。

设平面汇交力系包含 n 个力，以 F_R 表示它们的合力矢，则有

$$F_R = F_1 + F_2 + \cdots + F_n = \sum_{i=1}^{n} F_i \tag{1-2}$$

合力 F_R 对刚体的作用与原力系对该刚体的作用等效。如果一力与某一力系等效，则此力称为该力系的合力。

如力系中各力的作用线都沿同一直线，则此力系称为共线力系，它是平面汇交力系的特殊情况，它的力多边形在同一直线上。若沿直线的某一指向为正，相反为负，则力系合力的大小与方向决定于各分力的代数和，即

$$F_R = \sum_{i=1}^{n} F_i \tag{1-3}$$

2. 平面汇交力系平衡的几何条件

由于平面汇交力系可用其合力来代替，显然，平面汇交力系平衡的充分和必要条件是：该力系的合力等于零，即

$$F_R = \sum_{i=1}^{n} F_i = 0 \tag{1-4}$$

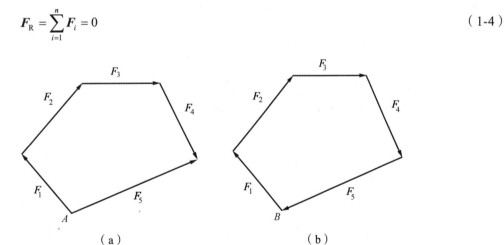

图 1.20

图 1.20（a）可见：F_1、F_2、F_3、F_4 的合力是 F_R，要想该力系平衡必须加上一个和 F_R 大小相等、方向相反作用在同一条直线上的平衡力 F_5。图（b）是处于平衡情况下的力多边形。

在平衡情形下，力多边形中最后一力的终点与第一力的起点重合，此时的力多边形称为封闭的力多边形。由此类推，得如下结论：

平面汇交力系平衡的必要和充分条件是：该力系的力多边自行封闭，这是平衡的几何条件。

3. 平面汇交力系合成的解析法

求解平面汇交力系平衡问题时可用几何法，即按比例先画出封闭的力多边形，然后量得所要求的未知量，但作图很难做到精确。也可根据图形的几何关系，用三角公式计算出所要求的未知量，但当力系中力较多时，运算比较繁琐。因此在工程实际中应用较多的是解析法。

（1）力在坐标轴上的投影。

如图 1.21 所示，设在直角坐标系 Oxy 中，α 为矢量 F 与 x 轴的夹角（取锐角），从 F 的两端 A 和 B 分别作垂直于 x 轴、y 轴的垂线，得线段 ab、a_1b_1，其中 ab 为力 F 在 x 轴的投影，用 F_x 表示，a_1b_1 为力 F 在 y 轴的投影，用 F_y 表示。力在坐标轴上的投影是个代数量，其正负号规定如下：当 a 到 b（a_1 到 b_1）的方向和 x（y）轴正方向一致，力 F 在 x（y）轴的投影为正；反之为负。如图 1.21 所示的情况为：

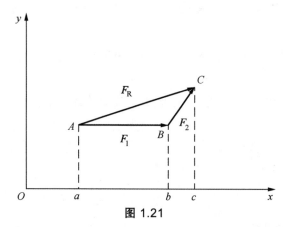

图 1.21

$$\begin{cases} F_x = F\cos\alpha \\ F_y = F\sin\alpha \end{cases} \tag{1-5}$$

反之，若已知力在两正交坐标轴上的投影为 F_x、F_y，则力的大小和方向为：

$$\begin{cases} F = \sqrt{X^2 + Y^2} \\ \cos\alpha = X/F \end{cases} \tag{1-6}$$

而如将力 F 沿 x、y 轴分解，则所得两正交分力 F_x、F_y。显而易见，力的投影是代数量，而力的分量是矢量，不可把它们混为一谈。

（2）合力投影定理。

由图 1.22 可见：

$$x_1 = ab, \ x_2 = bc, \ F_{Rx} = ac$$

$$F_{Rx} = x_1 + x_2$$

同理

$$F_{Ry} = y_1 + y_2$$

推广之

$$F_{Rx} = x_1 + x_2 + \cdots + x_n$$

$$F_{Ry} = y_1 + y_2 + \cdots + y_n$$

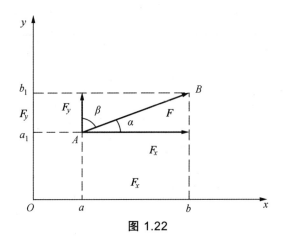

图 1.22

得到合力投影定理：合力在任一坐标轴上的投影等于所有分力在该轴上投影的代数和。

（3）平面汇交力系合成的解析法。

设有 F_1、F_2、F_3、$\cdots$、F_n 组成的平面汇交力系，各力在 x、y 轴上的投影分别为 F_{1x}、F_{2x}、F_{3x}、$\cdots$、F_{nx} 及 F_{1y}、F_{2y}、F_{3y}、$\cdots$、F_{ny}，合力的投影分别为 F_{Rx}、F_{Ry}，由合力投影定理可知：

$$\begin{cases} F_{Rx} = F_{1x} + F_{2x} + \cdots + F_{nx} = \sum_{i=1}^{n} F_{ix} \\ F_{Ry} = F_{1y} + F_{2y} + \cdots + F_{ny} = \sum_{i=1}^{n} F_{iy} \end{cases} \tag{1-7}$$

并且：

$$F_R = \sqrt{F_{Rx}^2 + F_{Ry}^2} \tag{1-8}$$

$$\tan \alpha = \left| \frac{F_{Ry}}{F_{Rx}} \right| \tag{1-9}$$

α 为合力 F_R 与 x 轴所夹的锐角，其指向要分别根据的 $\sum F_x$、$\sum F_y$ 正负号决定，合力的作用线必定通过汇交点。

4. 平面汇交力系平衡方程及其应用

平面汇交力系平衡的充分与必要条件是力系的合力等于零，即 $F_R = \sum F = 0$，此时必须满足：

$$\begin{cases} F_{Rx} = \sum F_x = 0 \\ F_{Ry} = \sum F_y = 0 \end{cases} \tag{1-10}$$

于是得平面汇交力系平衡的解析条件：力系中各力在 x 轴和 y 轴上的投影的代数和分别等于零，式（1-10）称平面汇交力系的平衡方程。由于提供的独立的方程有两个，故可以求解两个未知量。

例 1-3：如图 1.23（a）所示，平面刚架 $ABCD$，自重不计，在 B 点作用一水平力 P，设 $P = 20$ kN。求支座 A 和 D 的约束反力。

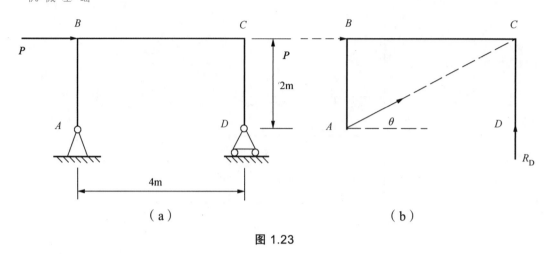

图 1.23

解：（1）取平面刚架 *ABCD* 为研究对象，画出受力图（b）。根据三力平衡汇交定理确定 R_A 汇交于 *C* 点，方向如图所示。

（2）取汇交点 *C* 为坐标原点，建立坐标系：

（3）列平衡方程并求解：

$$\sum F_x = 0 : P + R_A \cos\theta = 0$$

$$\sum F_y = 0 : R_A \sin\theta + R_D = 0$$

其中 $\tan\theta = 0.5$，$\cos\theta = 0.89$，$\sin\theta = 0.447$

解方程组得：$R_A = -22.36 \text{ kN}$

$$R_D = 10 \text{ kN}$$

R_A 为负说明它的实际方向和假设的方向相反。

求解平面汇交力系平衡问题的一般步骤归纳如下：

（1）弄清题意，明确已知量和待求量。

（2）恰当选取研究对象，明确所研究的物体。

（3）正确画出研究对象的受力图（主动力，约束力，二力构件等）。

（4）合理选取坐标系，列平衡方程并求解。

（5）进行校核，并对结果进行必要的分析和讨论。

二、力矩和力偶

1. 力对点的矩和合力矩定理

（1）力对点的矩。

举例：用扳手转动螺母，会感到加在扳手上的力越大，或者手离螺母的距离越远，就越容易转动螺母。

工程实践表明，作用在刚体上的力除了产生移动效应外，有时还产生转动效应。如图 1.24 所示，用扳手拧螺母，作用于扳手上的力 *F* 使其绕固定点 *O* 转动。同时，力对刚体绕某一固定点的转动效应不仅与力的大小有关，而且与固定点到该力的作用线的距离有关。

因此，在力学上以固定点到力作用线的距离的乘积作为度量力 *F* 使刚体绕固定点 *O* 转动效应的物理量。这个量称为力 *F* 对 *O* 点的矩，简称为力矩。以公式记为：

$$M_o(F) = \pm Fd \qquad (1\text{-}11)$$

O 点称为力矩中心，简称为矩心。距离 h 为 F 到轴心线 O 的垂直距离，称为力臂。

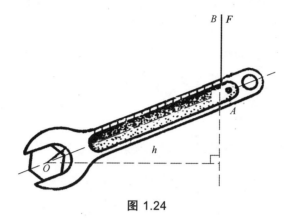

图 1.24

在平面力系中，力对点的矩是一个代数量，力矩的大小等于力的大小与力臂的乘积。力 F 使扳手绕点 O 的转动方向不同，作用效果也就不同，用正负号表示力使刚体绕矩心转动的方向。通常规定，力使刚体逆时针方向转动时力矩为正，反之为负。其转动效果，完全由下面两个因素决定：

① 力的大小与力臂的乘积。

② 力使物体绕 O 点的转动方向。

必须指出的是，作用于刚体上的力可以对任意点取矩。

力矩在下列两种情况下为零：

① 力的大小等于零。

② 力的作用线通过矩心即力臂为零。

在国际单位制中，以牛顿米（简称牛·米）为力矩的单位，记作：牛·米（N·m）。

（2）合力矩定理。

定理：平面汇交力系的合力对于平面内任一点之矩等于所有各力对于该点之矩的代数和。数学表达式为

$$M_o(F) = M_o(F_1) + M_o(F_2) + \cdots + M_o(F_n) = \sum M_o(F) \qquad (1\text{-}12)$$

例 1-4：如图 1.23（a）所示齿轮啮合传动，已知大齿轮节圆半径 r_2、直径 D_2，小齿轮作用在大齿轮上的压力为 F，压力角为 α_0。试求压力 F 对大齿轮传动中心 O_2 点之矩。

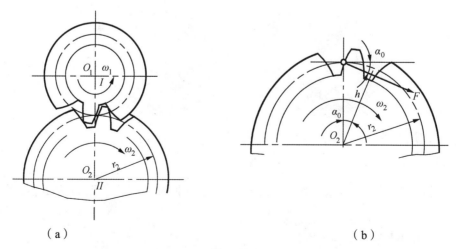

（a） （b）

图 1.25

解：根据力对点之矩定义：

$$M_{O_2}(\vec{F}) = -F \cdot h$$

从（b）图中的几何关系得：

$$h = r_2 \cos \alpha_0 = \frac{D_2}{2} \cos \alpha_0$$

故：

$$M_{O_2}(\vec{F}) = -F \cdot \frac{D_2}{2} \cos \alpha_0$$

负号表示力 **F** 使大齿轮绕 O_2 点作顺时针方向转动。

2. 力偶和力偶矩

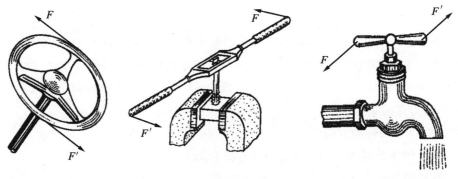

图 1.26

在实际生活中，我们常见到汽车司机用双手转动方向盘，钳工用手动铰孔等。以司机转动方向盘为例，其转动的实质是手对方向盘施加了一对力，且二力不共线（见图 2.26），使得物体改变运动状态而不能相互平衡，这种由两个大小相等方向相反的平行力组成的二力，称为力偶，记作（**F**，**F′**）。

力偶的两个力所在的平面，叫作力偶的作用面，力偶两力之间的垂直距离 d 称为力偶臂。

由以上例子可知，力偶对刚体的作用效应是使刚体产生转动或改变刚体的转动的状态。显然力偶不能合成一个力，也不能用一个力来平衡，或用一个力来等效替换。

已知力使物体绕某点转动的效果用力矩来度量。同理，力偶使物体转动的作用效果，可由组成力偶的两力对某一点的矩的代数和来度量。

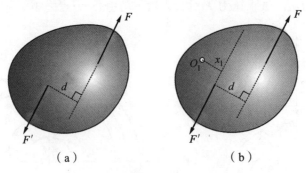

图 1.27

设刚体上作用有力偶（**F**，**F′**），如图 1.27（a）所示。在图面内任取一点 O 为矩心，由图 1.27（b）可见：

$$\boldsymbol{M_O}(\boldsymbol{F}) = \boldsymbol{F}(d + x_1)$$

$$\boldsymbol{M_O}(\boldsymbol{F'}) = -\boldsymbol{F'}x_1$$

式中，d 为力偶臂，因 $\boldsymbol{F}=\boldsymbol{F}'$，可得：

$$\boldsymbol{M}_{\mathbf{O}}\left(\boldsymbol{F}^{1}\right)=-\boldsymbol{F}'\boldsymbol{x}_{1}=-\boldsymbol{F}\,\boldsymbol{x}_{1}$$

故力偶（$\boldsymbol{F}$，$\boldsymbol{F}'$）对矩心 O 的矩为 $\boldsymbol{Mo}(\boldsymbol{F})+\boldsymbol{Mo}(\boldsymbol{F}')=\boldsymbol{F}(d+x_1)-\boldsymbol{F}x_1=\boldsymbol{F}d$

上式说明：力偶的作用效果与力的大小和力偶臂的长短有关，而与矩心无关。力偶对其作用面内任意一点的矩为一恒定代数量，该量称为力偶矩，它表示力偶对物体转动的作用效果。力偶矩是代数量，其绝对值等于力偶中的一力的大小与力偶臂的乘积，其正负号确定如下：力偶使物体逆时针转动为正，反之为负。力偶对其作用平面内任意一点的矩恒等于力偶矩。

用 $\boldsymbol{M}$ 表示力偶矩，可得

$$\boldsymbol{M}=\boldsymbol{M}(\boldsymbol{F},\boldsymbol{F}')=\pm\boldsymbol{F}\boldsymbol{d} \tag{1-13}$$

力偶矩的单位与力矩的单位相同，为牛·米（N·m）。

其中力偶矩的大小、力偶的转向和力偶的作用面称为力偶的三要素。

平面力偶的等效是指它们对刚体的作用效果相同。由于力偶对刚体只产生转动效应，而力偶的转动效应取决于力偶的三要素。因此平面力偶等效条件是：同一作用面内的力偶矩大小相同，力偶的转向相同。因此可以得出两个推论：

① 只要不改变力偶矩的大小和力偶矩的转向，力偶的作用位置可以在它作用平面任意移动而不改变它对刚体的作用效果。

② 只有保持力偶矩不变，可以同时改变力偶中力的大小和力偶臂的大小，而不改变力偶对刚体的作用效果。

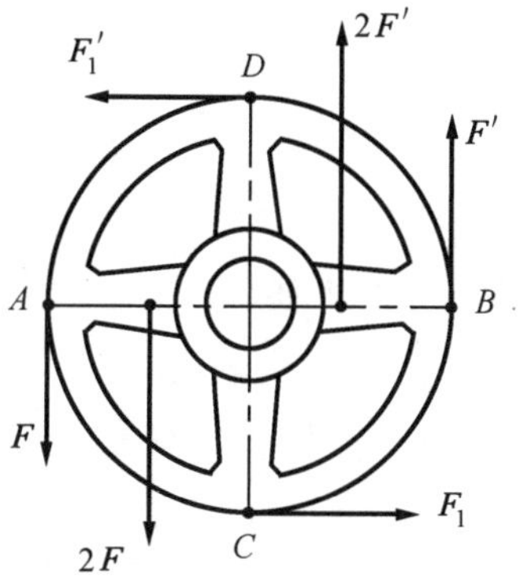

图 1.28

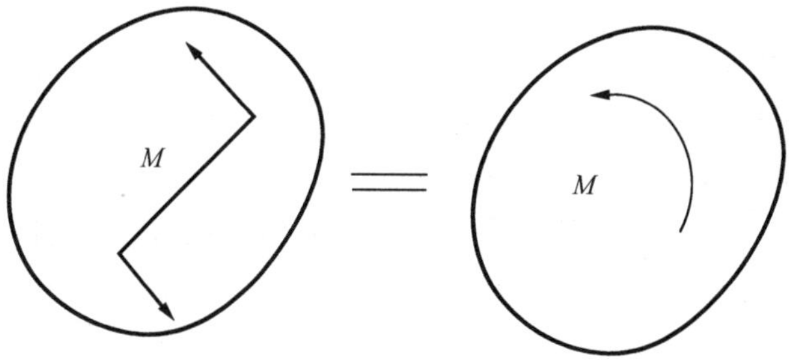

图 1.29

如图 1.28 所示的方向盘，司机对它所施加的力偶由（$\boldsymbol{F}$，$\boldsymbol{F}'$）变为（$2\boldsymbol{F}$，$2\boldsymbol{F}'$）时，只要将力偶臂同时减半，使方向盘转动的效果就不会变化。若将（$\boldsymbol{F}$，$\boldsymbol{F}'$）改为（$\boldsymbol{F}_1$，$\boldsymbol{F}'_1$），并保持 $\boldsymbol{F}_1=\boldsymbol{F}$，作用效果也不变。

由此可见，力偶中力的三要素和力偶臂长度都不是力偶的特征量，决定平面内力偶对刚体作用效果的唯一特征量是力偶矩 $\boldsymbol{M}$。作用在刚体上的力偶，可按图 1.29 中的任一种方法来表示。

力偶是两个特殊的有关联的力组成的，因此具有与单个力所不同的性质：

① 力偶无合力。

力偶的两个力在任何坐标轴上的投影代数和为零，即力偶不能与力等效，因此力偶也不能与力平衡。

② 力偶对刚体的作用效果取决于力偶的三要素，而与力偶的作用位置无关。

③ 力偶对其作用面内任一点的矩恒等于力偶矩。即力偶无矩心。

3. 平面力偶系的合成与平衡

作用在刚体上同一平面内的几个力偶称为平面力偶系。可以证明，平面力偶系能与一个力偶等效，这个力偶称为该平面力偶系的合力偶，合力偶矩等于力偶系中各力偶矩的代数和。

用 M 表示合力偶矩，用 M_1、M_2 … M_n 表示力偶系中的各力偶矩，则有：

$$M = M_1 + M_2 + \cdots\cdots + M_n = \sum M \tag{1-14}$$

由上述结果可知，平面力偶系平衡的充要条件是各力偶矩的代数和为零，即：

$$\sum M_i = 0 \tag{1-15}$$

例 1-5：气缸盖上钻 4 个相同的孔，每个孔的切削力偶矩 $M_1 = M_2 = M_3 = M_4 = M_0 = 15\ \text{N} \cdot \text{m}$，转向如图 1.29，当同时钻这四个孔时，工件受到的总切削力偶矩是多大？

解：4 个力偶在同一平面内，因此这 4 个力偶的合力偶矩为：

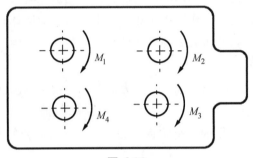

图 1.30

其值为负说明顺时针方向转动。

知道总切削力偶矩后，可以考虑夹紧措施，设计夹具。

4. 力向一点平移

可以把作用在刚体上点 O 的力 F 平行移到一点 A，但同时必须附加一个力偶，这个附加力偶的矩等于原来的力 F 对新作用点 A 的矩。

证明：图 1.31（a）中力 F 作用于刚体上点 O。在刚体上任取一点 A，d 为点 A 至力 F 作用线的垂直距离，在点 A 加上两上等值反向的力 F' 和 F''，并使 $F = F' = F''$。

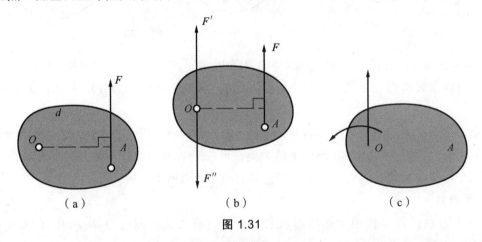

（a）　　　　　　　（b）　　　　　　　（c）

图 1.31

显然 3 个力 F、F'、F'' 组成的新力系与原力等效，如图 1.31（b）所示。此时可将 F' 看作是力 F 平移到点 A 后的力，而 F，F'' 构成一力偶。该力偶就是所需的附加力偶，如图 1.31（c），于是定量得证。

由力的平移定理可知，可以将一个力替换成同平面内的一个力和一个力偶；反之，同一平面内的一个力和一个力偶也可以用一个力来等效替换。力的平移定理不仅是力系向一点简化的依据，也可解释一些实际问题。例如：如图 1.32 所示，攻螺纹时，必须用双手均匀握住扳手两端，而且用力要相等，而不能只用一个手扳动扳手。因为作用在扳手一端的力 F 与作用在 C 点的一个力 F' 和一个力偶矩 M 等效，这个力偶使丝锥转动，而力 F' 却易使丝锥产生折断。

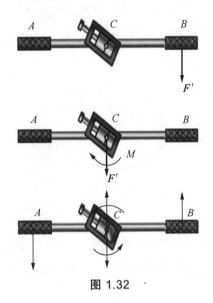

图 1.32

三、平面任意力系

作用在物体的各力，其作用线分布在同一平面上，既不汇交于一点，又不全互相平行的力系称为平面任意力系。

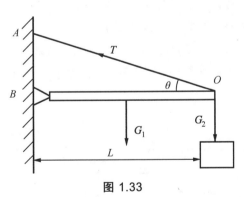

图 1.33

如图 1.33 所示，BO 是一根质量均匀的横梁，重量 $G_1 = 80$ N，BO 的一端安在 B 点，可绕通过 B 点且垂直于纸面的轴转动，另一端用钢绳 AO 拉着横梁保持水平，与钢绳的夹角 $\theta = 30°$，在横梁的 O 点挂一个重物，重物 $G_2 = 240$ N。横梁 BO 受力为梁自重 G_1、载荷重 G_2、固定铰链支座反力 R_A、钢绳 AO 拉力 T，各力作用于同一平面内，既不汇交于一点，又不全部相互平行——平面任意力系。

1. 平面一般力系的合成

如图 1.34 所示，要将平面一般力系合成，可应用力的平移定理，将力系中各力都平移到平面内的任一点 O（简化中心），于是得到一个汇交于 O 点的平面汇交力系和一个附加的平面力偶系。平面汇交力系可以合成为作用在 O 点的一个力和一个力偶。

可见，平面一般力系合成的结果，是一个力和一个力偶。

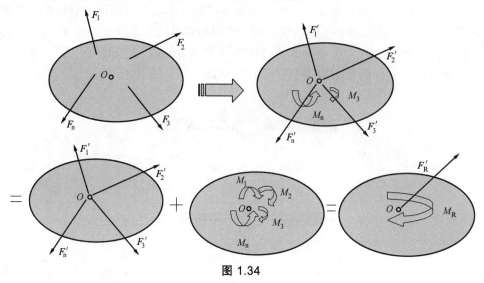

图 1.34

2. 平面一般力系的平衡条件

由于平面一般力系合成的结果是一个平面汇交力系和一个平面力偶系，故平面一般力系的平衡条件应同时满足平面汇交力系和平面力偶系的平衡条件：合力、合力偶矩均为零。

$$\begin{cases} \sum Fx = 0 \\ \sum Fy = 0 \\ \sum Mo(F) = 0 \end{cases} \qquad (1\text{-}16)$$

平面一般力系平衡的充分和必要条件是：平面一般力系中各力在两个任选的直角坐标轴上的投影的代数和分别等于零，以及各力对任意一点之矩的代数和也等于零。

其他形式：二力矩式、三力矩式在此就不作介绍了。

例 1-6： 如图 1.35 所示，已知 $F = 15$ kN，$M = 3$ kN·m，求 A、B 处支座反力。

解： 取梁 AB 为研究对象，画受力图（见图 1.34），进行受力分析。

列出平衡方程：

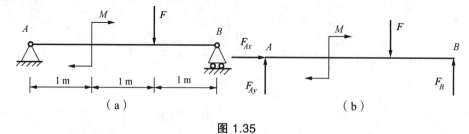

图 1.35

$$\sum F_x = 0 \Rightarrow F_{Ax=0}$$

$$\sum M_A(F) = 0$$

$$F_B \cdot 3 - F \cdot 2 - M = 0$$

$$F_B = (3 + 2 \times 15)/3 = 11 \ \text{kN}$$

$$\sum F_y = 0$$

$$F_{Ay} + F_B - F = 0$$

$$F_{Ay} = F - F_B = 4 \ \text{kN}$$

3. 固定端约束

工程实践中还有一种常见的基本约束，称为固定端约束。如图 1.36 所示，建筑物上的阳台，插入地下的电线杆，固定在刀架上的车刀等。这些构件的结构形式都是固定端约束的例子。

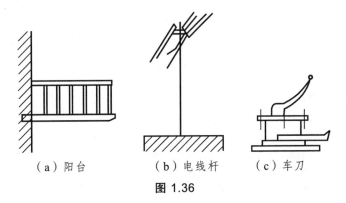

（a）阳台　　　　　（b）电线杆　　（c）车刀

图 1.36

固定端约束的特点是构件的受约束端既不能向任一方向移动，也不能转动。故固定端约束在一般情况下有一组正交的约束反力和一个约束力偶矩，如图 1.37 所示。

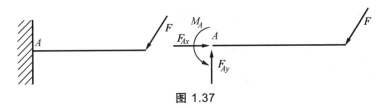

图 1.37

四、平面平行力系

各力的作用线在同一平面内且作用线互相平行的力系叫平面平行力系。平面平行力系可以看成是平面一般力系的特殊情形。它的平衡方程比平面一般力系简单，只有两个独立的平衡方程，即：

$$\begin{cases} \sum F_y = 0 \\ \sum M_o(F) = 0 \end{cases} \text{或} \begin{cases} \sum F_x = 0 \\ \sum M_o(F) = 0 \end{cases} \tag{1-17}$$

上式为基本式，也可写成二力矩式：

$$\begin{cases} \sum M_A(F) = 0 \\ \sum M_B(F) = 0 \end{cases} \tag{1-18}$$

例 1-7： 塔式起重机如图 1.38 所示，机架重力 P_1 为 1 000 KN，作用线通过塔架的中心。最大起重量 P_2 为 400 KN，最大悬臂长为 12 m，轨道 A、B 的间距为 4 m。平衡块重 P_3，到机身中心线距离为 6 m。保证起重机在满载和空载时都不致翻倒，平衡重 P_3 应为多少？

解：

（1）要使起重机不翻倒，应使作用在起重机上的所有力满足平衡条件。起重机所受的力：载荷的重力 P_2、机架的重力 P_1、平衡块重 Q 及轨道的约束反力 F_A、F_B。

（2）当满载时，为使起重机不绕 B 点倾倒，在临界情况下，$F_A = 0$，这时求出的 P_3 值是所允许的最小值。建立平衡方程：

$$\sum M_B\ (F) = 0: \quad P_{3min}\ (6+2) + P_1 \times 2 - P_2 \times (12-2) = 0$$

$$P_{3min} = (10P_2 - 2P_1) \div 8 = 250\ \text{kN}$$

（3）当空载时，$P_2 = 0$，为使起重机不绕 A 点倾倒，在临界情况下，$F_B = 0$，这时求出的 P_3 值是所允许的最大值。建立平衡方程：

$$\sum M_A\ (F) = 0: \quad P_{3max}\ (6-2) - P_1 \times 2 = 0$$

$$P_{3max} = 2P_1 \div 4 = 500\ \text{kN}$$

要使起重机不会翻到，平衡块的重量应在两者之间：

$$250\ \text{kN} < Q < 500\ \text{kN}$$

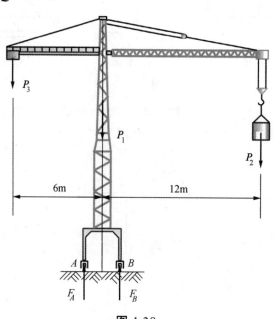

图 1.38

第二章

金属材料和热处理

　　不管是服装设计师，还是家用电器设计师，以及各种机械设备、汽车、船舶、飞机和军用装备设计师，在他们精心设计出自己的作品后，都需要选用恰当的材料来制造，从而保证制成的产品具有最佳形貌和性能。如果选材不当，所设计制造出的产品，将不能发挥出最佳性能，并可能导致其使用寿命大大降低；或因选材不当，导致成本太高，失去其应有的市场竞争力。所以，从事机械设计与制造的各类工程技术人员，都必须对其经常使用的各类材料有一定的了解。

　　工程材料主要包括金属材料和非金属材料两大类，金属材料又可分为黑色金属材料和有色金属材料两类。黑色金属材料主要指各类钢和铸铁，有色金属材料主要指铝及铝合金、铜及铜合金以及滑动轴承合金等；非金属材料包括高分子材料、陶瓷材料和复合材料等。

　　当今社会科学技术突飞猛进，新材料层出不穷，而且使用量也不断增加，但到目前为止，在机械工业中使用最多的材料仍然是金属材料。金属材料长期以来得到如此广泛应用，其主要原因是，它具有优良的使用性能和加工工艺性能。

　　由于不同的材料具有不同的性能，因此它们的应用场合也就不同。如在航天工业中铝及铝合金得到了广泛应用，是因为铝合金具有质量轻、强度高的特性。而在电子工业中银、铜、铝得到了广泛的应用，是因为它们具有优良的导电性。在机械工业中，由于机械产品在使用过程中，主要承受各种力的作用。因此，主要要求所使用的金属材料具有良好的机械性能，而碳钢和合金钢具备上述性能要求，所以得到了广泛应用。

　　由于每一个机械工程技术人员，在设计和制造机械产品过程中，都要与工程材料打交道，特别是要与各种金属材料打交道；要想合理地选择和使用金属材料，就必须搞清楚金属材料的成分、结构、组织与性能之间的关系及其变化规律，也就是应该努力学好本课程。

第一节　材料的力学性能

　　金属材料在一定的温度条件和受外力作用下，抵抗变形、断裂的能力称材料的力学性能，又称为机械性能。主要有四大指标：

　　（1）强度指标：抗拉强度 σ_b 屈服强度（疲劳强度、屈强比）

　　（2）塑性指标 $\begin{cases} 伸长率（延伸率）\delta \\ 断面收缩率 \end{cases}$

$$（3）硬度指标\begin{cases}布氏强度（HB）\\洛氏硬度（HRC）\\维氏硬度（HV）\\里氏硬度（HL）D\end{cases}$$

$$（4）韧性指标\begin{cases}冲击韧性 \quad a_K \quad A_K\\断裂韧度 \quad K_{IC}\end{cases}$$

一、强度指标

将规定尺寸的试棒在拉伸实验机上进行静拉伸实验，以测定该试件对外力载荷的抗力，可求强度指标和塑性指标。

1. 拉伸曲线图

拉伸曲线图如图 2.1 所示。

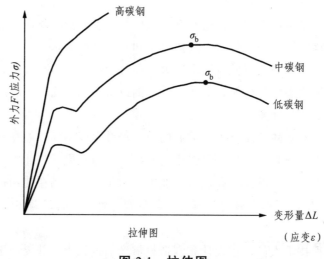

图 2.1　拉伸图

2. 应力应变图

$$应力 \ \sigma = \frac{外力}{A_0} \quad （单位面积所受力）$$

$$应变 \ \varepsilon = \frac{\Delta L}{L_0} \quad （单位长度的变形量）$$

如图 2.2 所示为拉伸试样图。

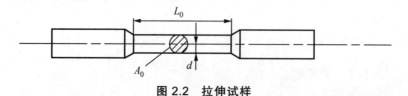

图 2.2　拉伸试样

对原材料、焊接工艺及焊接试板的拉伸试样均有严格的标准进行规定。

对圆形拉伸试样分标准试样和比例试样，每种试样又分为长试样和短试样。

$$
\begin{cases}
标准试样：直径d=20,标距L_0 \begin{cases} \dfrac{L_0}{d_0}=10(长试样) \\[2mm] \dfrac{L_0}{d_0}=5(短试样) \end{cases} \\[6mm]
比例试样：d_0任意选用 \begin{cases} L_0=11.3\sqrt{A_0}(长) \\[2mm] L_0=5.65\sqrt{A_0}(短) \end{cases}
\end{cases}
$$

3. 拉伸试验 4 个阶段

（1）弹性变形阶段：变形量 ΔL 与外力（或应变和应力）呈正比（即胡克定律）。

该阶段最高值：e'：σ_p：称比例极限（即保持直线关系的最大负荷）。

σ_e（弹性极限）：我们把材料产生最大弹性变形时的应力称为弹性极限（由于检测精度，国标规定以残余变形量为 0.01%时的应力）。

$$\sigma_e = \frac{F_e}{A_0}$$

应力：单位面积上材料抵抗变形的力称为应力。

$$\sigma = \frac{P}{A_0}\ \ Pa(N/m^2)$$

（2）屈服阶段。

屈服极限。材料承受的载荷不再增加而仍继续发生塑性变形，即开始产生明显塑性变形时的最低应力值，又叫屈服点，用 σ_s 表示。

$$\sigma_s = \frac{P_s}{A_0}$$

许多合金并没有明显的屈服现象，所以工程上规定了以试样产生的伸长量为试样长度的 0.2%时的应力作为材料的条件屈服点，用 $\sigma_{0.2}$ 表示。（严格的也可以是 $\sigma_{0.1}$、$\sigma_{0.05}$ 等）

（3）强化阶段。

① 抗拉强度。

材料抵抗拉力破坏作用的最大应力称为强度极限，又称抗拉强度。即产生最大的均匀塑性变形的抗力。

$$\sigma_b = \frac{P_b}{A_0}$$

由于塑变而产生加工硬化，载荷需增加直至最大载荷 P_b 后局部发生塑变即"颈缩"。

强度极限 σ_b 在工程技术上很重要，它的物理意义是表征材料最大均匀变形的抗力，表征材料在拉伸条件下所能担负的最大负荷的应力值，在工程上称抗拉强度。它是工程设计和选材的重要依据。σ_b 的测量既方便又准确。

② 屈强比 σ_s/σ_b。

屈服强度与抗拉强度之比称为屈强比。

（4）颈缩阶段。

σ_b 后试件局部开始变细，出现颈缩现象，截面急剧减小，载荷也减小，曲线下降到 K 点断裂，此时应力在变大（加工硬化所致），负荷变小。

σ_b、σ_s 是两个主要指标：

σ_s 作强度指标时安全系数 $n_s = 1.5 \sim 2.0$；

σ_b 作强度指标时安全系数 $n_b = 2.0 \sim 5.0$。

二、塑性指标

塑性是指金属材料在载荷作用下产生最大塑性变形而不破坏的能力。

1. 伸长率 δ

试样受拉力断裂后，总伸长量与原始长度的比值的百分率称为伸长率（延伸率）

$$\delta = \frac{L_1 - L_0}{L_0} \times 100\%$$

式中　L_0——试件原始标距长度；

　　　L_1——试件拉断后标距长度。

长试样的伸长率用 δ_{10} 或 δ 表示，$L_0 = 10d$；

短试样的伸长率用 δ_5 表示，$L_0 = 5d$。

相同符号才能进行比较，同一钢材的 δ_5 与 δ_{10} 值不同，δ_5 大约为 δ_{10} 的 1.2 倍。

为了防止采用屈强比高的钢材，对锅炉钢板的伸长率规定 δ_5 不得小于 18%，以此来限定屈强比。

2. 断面收缩率 ψ（%）

试样受拉力断裂后，试样截面的缩减量与原截面之比的百分率称为断面收缩率。

$$\psi = \frac{A_0 - A_1}{A_0} \times 100\%$$

式中　A_0——拉伸前原始截面面积；

　　　A_1——拉断后细颈处，最小截面面积。

断面收缩率不受试件标距长度的影响（无长短之分），对于锅炉压力容器材料的伸长率一般要求 10%以上。

伸长率和断面收缩率表明材料在静态或缓慢拉伸应力作用下的韧性，良好的塑性即可使材料冷压成型性好，重要的受压零件可防止超载时发生脆性断裂，但对塑性的要求有一定限度，并非越大越好。

三、硬度指标

硬度指金属材料抵抗硬物压入表面的能力。

常用的硬度测定方法都是用一定载荷（压力）把一定的压头压在金属材料表面，然后测定压痕面积或深度来确定硬度值，压痕越大越深则硬度越低。它是表征材料的弹性、塑性、形变强化率、强度、韧性等一系列不同物理量组合的一种综合性能指标。由于简单易行，不必破坏零件材料，所以是重要的检验手段之一。

四、韧性指标

韧性是指金属在断裂前吸收变形能量的能力。

1. 冲击韧性

金属材料在冲击载荷作用下，抵抗破坏的能力或者说断裂时吸收冲击功的能量大小，称为冲击韧性。它表示材料对冲击负荷的抗力。

计算公式：

$$a_K = \frac{A_K}{F}$$

式中　A_K——冲击功（冲断试样所消耗的功），J；

　　　F——试样缺口处的截面面积，cm^2。

目前均采用冲击吸收功 A_{KV} 表示，单位 J。

2. 断裂韧度

断裂韧度是用来反映材料抵抗裂纹失稳扩展，即抵抗脆性断裂的指标（在高强度材料中时常发生低应力脆性断裂）。

断裂韧度是材料固有的力学性能指标，是强度和韧性的综合体现，主要取决于材料的成分，内部组织和结构，与裂纹的大小、形状、外加应力等无关，是通过实验测定的。

第二节　碳素钢

碳素钢也称碳钢。碳钢的价格低廉，便于获得，容易加工，因而在机械制造中得到广泛使用。为了在生产上合理选择、正确使用各种碳钢，必须简要地了解我国碳钢的分类、编号和用途，以及一些常存杂质元素对碳钢的影响。

一、碳钢的分类、编号和用途

（一）碳钢的分类

碳钢分类方法很多，这里主要介绍 3 种，即按钢的含碳量、质量和用途来分。现分述如下：

1. 按钢的含碳量分类

根据钢的含碳量，可分为：

低碳钢——≤0.25%C；

中碳钢——0.30%～0.55%C；

高碳钢——≥0.60%C。

2. 按钢的质量分类

根据碳钢质量的高低，即主要根据钢中所含有害杂质 S、P 的多少来分，通常分为普通碳素纲、优质碳素钢和高级优质碳素钢 3 类。

（1）普通碳素钢：S、P 含量分别≤0.055%和≤0.045%。

（2）优质碳素钢：S、P 含量均应≤0.040%。

（3）高级优质碳素钢：S、P 含量分别≤0.030%和≤0.035%。

3. 按用途分类

按碳钢的用途不同，可分为碳素结构钢和碳素工具钢两大类。

（1）碳素结构钢：主要用于制造各种工程构件（如桥梁、船舶、建筑等的构件）和机器零件（如齿轮、轴、螺钉、螺母、曲轴、连杆等）。这类钢一般属于低碳和中碳钢。

（2）碳素工具钢：主要用于制造各种刀具、量具、模具。这类钢含碳量较高，一般属于高碳钢。

（二）碳钢的编号和用途

钢的品种很多，为了在生产、加工处理和使用过程中不致造成混乱，必须对各种钢进行命名和编号。

1. 普通碳素结构钢

普通碳素结构钢简称为"普碳钢"。按国家标准，它分为下列 3 类：

（1）甲类钢：其钢号以"甲"或"A"字加上阿拉伯序数表示。共有 1～7 级，即甲 1、甲 2、…、甲 7（或写成 A1、A2、…、A7）。数字越大的甲类钢，其屈服强度（σ_s）和抗拉强度（σ_b）越大，但延伸率（δ_5 或 δ_{10}）却越小。

（2）乙类钢：其钢号以"乙"或"B"字加上阿拉伯序数表示，亦分为 1～7 级，即乙 1、乙 2、……、乙 7（或写成 B1、B2、…、B7）。数字越大的乙类钢，其含碳量越高。

乙类钢的用途与相同序号的甲类钢相同。乙类钢的化学成分是已知的，因此乙类钢可以通过适当的热处理提高其性能。

（3）特类钢：它既保证化学成分又保证机械性能。但实际上很少见到用这类钢。因为，如果要热处理或性能要求较高时，一般就选用优质碳素钢。普碳钢虽经适当热处理，其性能总不如优质碳素钢，这就限制了普碳钢的应用。

2. 优质碳素结构钢

优质碳素钢与普通碳素钢不同，必须同时保证钢的化学成分和机械性能。这类钢所含 S、P 量较少（≤0.040%），纯洁度、均匀性及表面质量都比较好。因此，优质碳素结构钢的塑性和韧性都比较好。

根据化学成分不同，优质碳素结构钢又分为普通含锰量钢和较高含锰量钢两类。

优质碳素结构钢的表示方法：

（1）正常含锰量的优质碳素结构钢。所谓正常含锰量，对于含碳量小于 0.25%的碳素结构钢，为含锰 0.35%～0.65%；而对于含碳量大于 0.25%的碳素结构钢，为含锰 0.50%～0.80%。

这类钢的平均含碳量用两位数字来表示，以 0.01%为单位。例如钢号 20，表示平均含碳量为 0.20%的钢；钢号 45，表示平均含碳量为 0.45%的钢。

（2）较高含锰量的优质碳素结构钢。所谓较高含锰量，对于含碳量为 0.15%～0.60%的碳素结构钢，为含锰 0.7% ~ 1.0%；而对含碳量大于 0.60% 的碳素结构钢，为含锰 0.9% ~ 1.2%。

　　这类钢的表示方法是在表示含碳量的两位数字后面附以汉字"锰"或化学符号"Mn"。例如钢号 20 Mn 表示平均含碳量为 0.20%，含锰量为 0.7% ~ 1.0% 的钢；钢号 40 Mn 表示平均含碳量为 0.40%，含锰量为 0.70% ~ 1.0% 的钢。

　　优质碳素结构钢主要用于制造机械零件。它的产量较大，价格便宜，用途广泛，凡机械产品的各种大小结构部件都普遍应用。

3. 碳素工具钢

　　这类钢的编号原则是在"碳"或"T"字的后面附以数字来表示，数字表示钢中的平均含碳量，以 0.10% 为单位。例如钢号 T8、T12 分别表示平均含碳量为 0.80% 和 1.20% 的碳素工具钢。若为高级优质碳素工具钢，则在钢号末端再附"高"或"A"字，如 T12A 等。

　　碳素工具钢用于制造各种量具、刃具、模具等。

二、钢中常存杂质元素的影响

　　实际使用的碳钢并不是单纯的铁碳合金，其中或多或少包含一些杂质元素。常存的杂质元素有 Si、Mn、S、P 4 种。现分述如下：

1. 锰的影响

　　一般认为锰在钢中是一种有益的元素。在碳钢中含锰量通常 < 0.80%；在含锰合金钢中，含锰量一般控制在 1.0% ~ 1.2%。锰与硫化合成 MnS，能减轻硫的有害作用。当锰含量不多，在碳钢中仅作为少量杂质存成时，它对钢的性能影响并不显著。

2. 硅的影响

　　硅在钢中也是一种有益的元素。在碳钢中含硅量通常 < 0.35%。当硅含量不多，在碳钢中仅作为少量杂质存在时，它对钢的性能影响并不显著。

3. 硫的影响

　　硫在钢中是有害杂质。硫不溶于铁，而以 FeS 形式存在。当钢材在 1 000 ~ 1 200°C 压力加工时，由于 FeS-Fe 共晶（熔点只有 989 ℃）已经熔化，并使晶粒脱开，钢材将变得极脆，这种脆性现象称为"热脆"。为了避免热脆，钢中含硫量必须严格控制，普通钢含硫量应 ≤ 0.055%，优质钢含硫量应 ≤ 0.040%，高级钢含硫量应 ≤ 0.030%。

　　在钢中增加含锰量，可消除硫的有害作用。Mn 能与 S 形成熔点为 1 620 ℃ 的 MnS，而 MnS 在高温时具有塑性，因此可避免热脆现象。

4. 磷的影响

　　磷也是一种有害杂质。磷在钢中全部溶于铁素体中，虽可使铁素体的强度、硬度有所提高，但却使室温下钢的塑性、韧性急剧降低，并使脆性转化温度有所升高，使钢变脆，这种现象称为"冷脆"。

　　磷的存在还使钢的焊接性能变坏，钢中含磷量必须严格控制，普通钢含磷量应 ≤ 0.045%，优质钢含磷量应 ≤ 0.040%，高级钢含磷量应 ≤ 0.035%。

第三节　合金钢

碳素钢品种齐全，冶炼、加工成型比较简单，价格低廉。经过一定的热处理后，其力学性能得到不同程度的改善和提高，可满足工农业生产中许多场合的需求。但是碳素钢的淬透性比较差，强度、屈强比、高温强度、耐磨性、耐腐蚀性、导电性和磁性等也都比较低，使它的应用受到了限制。因此，为了提高钢的某些性能，满足现代工业和科学技术迅猛发展的需要，人们在碳素钢的基础上，有目的地加入了锰、硅、镍、钒、钨、钼、铬、钛、硼、铝、铜、氮和稀土等合金元素，形成了合金钢。

本节介绍合金钢的分类和编号方法，揭示合金元素在钢中的基本作用，按用途不同，分类讨论合金结构钢和合金工具钢的工作条件、性能要求、合金元素的作用、热处理工艺方法和常用钢种的类型、性能、用途等。在特殊性能钢中，介绍了金属的腐蚀、防腐蚀原理、常用的保护方法和常用的不锈钢类型。简单介绍了热稳定性和热强性，以及耐热钢和耐磨钢的成分特点、工作原理和用途。

一、合金钢的分类

合金钢的种类繁多，根据选材、生产、研究和管理等不同的要求，可采用不同的分类方法。

1. 按合金钢的用途分类

（1）合金结构钢。主要用于制造重要的机械零部件和工程结构件的钢。包括普通低合金钢、易切削钢、渗碳钢、调质钢、弹簧钢、滚动轴承钢等。

（2）合金工具钢。主要用于制造重要工具的钢，包括刃具钢、模具钢、量具钢等。

（3）特殊性能用钢。主要用于制造有特殊物理、化学、力学性能要求的钢，包括不锈钢、耐热钢、耐磨钢等。

2. 按合金元素的含量分类

（1）碳钢：① 低碳钢：$\leqslant 0.25\%C$

　　　　　② 中碳钢：$0.25\% \sim 0.6\%C$

　　　　　③ 高碳钢：$\geqslant 0.6\%C$

（2）合金钢：

① 低合金钢：钢中合金元素总的质量分数 $W_{me} \leqslant 5\%$。

② 中合金钢：钢中合金元素总的质量分数 W_{me}：$5\% \sim 10\%$。

③ 高合金钢：钢中合金元素总的质量分数 $W_{me} \geqslant 10\%$。

二、合金钢的牌号表示方法

1. 合金结构钢的牌号表示方法

根据国家标准的规定，合金结构钢的牌号用"两位数字 + 元素符号 + 数字"表示。元素符号前两位数字表示钢的平均碳质量分数 W_C，以万分之一为单位计。元素符号用合金元素的符号表示，其后面的数字表示该合金元素的质量分数，以百分之一为单位计。当 W_{me} < 1.5%时，只标明元素名称，不标明质量分数；当 W_{me} =（1.5% ~ 2.4%），（2.5% ~ 3.4%）…时，则在元素符号后相应地标上 2、3、4…如 15 MnV，表示碳的平均质量分数为 0.15%C，锰、钒的平均质量分数均小于 1.5%的合金结构钢。若为高级优质钢，则在钢的牌号末尾加上"A"，如 18Cr2Ni4WA。

对属于合金结构钢的滚动轴承钢,则采用另外的方法来表示其牌号。滚动轴承钢牌号的首位用"滚"或滚字的汉语拼音字首"G"来表示其用途，后面紧跟的是滚动轴承的常用元素"Cr"，其后数字则表示铬的质量分数，以千分之一为单位计。如 GCrl5，表示钢中铬的平均质量分数为 1.5%。易切削钢牌号的表示方法与之相似，用"易"或"易"字的汉语拼音字首"Y"开头，后面和合金结构钢牌号表示方法无异，如易 40 锰或 40 Mn，表示 W_C = 0.40%，W_{mn} < 1.5%的易切削钢。

2. 合金工具钢的牌号表示方法

与合金结构钢的牌号表示方法相比，合金工具钢中合金元素的表示方法未变，如 CrWMn 表示合金元素平均质量分数 W_{Cr}、W_W、W_{Mn} 均小于 1.5%，合金工具钢的碳含量表示方法则有所不同，当 C% ≥1.0%，不标出碳质量分数，如 CrWMn 钢。当 W_C<1.0%时，用一位数字在最前面表示碳质量分数，以千分之一为单位计，其后紧随合金元素，如 9SiCr 表示碳质量分数平均为 0.9%C，W_{Si}、W_{Cr} 皆小于 1.5%。高速工具钢的碳的平均质量分数无论是多少，都不标出。如 W18Cr4V 钢碳的平均质量分数在 0.7% ~ 0.8% C。

3. 特殊性能钢的牌号表示方法

特殊性能钢牌号的表示方法与合金工具钢基本相同，如 9Crl8 钢表示钢中碳的平均质量分数为 0.9%C，铬的平均质量分数为 18%Cr。但是不锈钢、耐热钢在碳质量分数很低时，表示方法有所不同，当碳平均质量分数 W_C≤0.03%或 W_C≤0.08%时，分别在第一个合金元素符号前冠"00"或"0"表示其碳平均质量分数，如 00Crl7Ni14M02、0Crl8Ni9 钢等。

由于耐磨钢零件经常是铸造成型后就使用，其牌号最前面是"ZG"，表示铸钢，紧随其后是元素符号，然后是该元素的平均质量分数，以百分之一计，横杠后数字表示序号。如 ZGMn13-1 表示铸造高锰钢，含锰平均为 13%Mn，序号为 1。

在碳素结构钢的基础上添加一些合金元素就形成了合金结构钢。与碳素结构钢相比，合金结构钢具有较高的淬透性，较高的强度和韧性。即用合金结构钢制造的各类机械零部件具有优良的综合机械性能，从而保证了零部件安全地使用。

三、合金结构钢

（一）普通低合金结构钢

1. 用 途

普通低合金结构钢（简称普低钢）是在低碳碳素结构钢的基础上加入少量合金元素（总 W_{me}<3%）得到的钢。这类钢比相同碳质量分数碳素钢的强度高 10% ~ 30%，因此又常被称为"低合金高强度钢"。这类钢被广泛应用于桥梁、船舶、管道、车辆、锅炉、建筑等方面，是一种常用的工程机械用钢。

2. 成分特点

（1）普低钢中碳的平均质量分数一般不大于 0.2%C（保证较好的塑性和焊接性能）。

（2）加入锰（是普低钢的主加元素）平均质量分数在 1.25%～1.5%Mn。

（3）加入硅也是提高强度——固溶强化。

（4）加入铜、磷等元素则是为了提高钢的抗腐蚀能力。

普低钢通常是在热轧或正火状态下使用，一般不再进行热处理。

（二）易切削钢

为了提高钢的切削加工性能，常常在钢中加入一种或数种合金元素，形成了易切削钢，常用的合金元素有硫、铅、钙、磷等。

（三）渗碳钢

用来制造渗碳零件的钢称为渗碳钢。

1. 工作条件和性能要求

某些机械零件如汽车和拖拉机的齿轮、内燃机凸轮、活塞销等在工作时经常既承受强烈的摩擦磨损和交变应力的作用，又承受着较强烈的冲击载荷的作用，一般的低碳钢即使经渗碳处理也难以满足这样的工作条件。为此，在低碳钢的基础上添加一些合金元素形成的合金渗碳钢，经渗碳和热处理后表面具有较高的硬度和耐磨性，心部则具有良好的塑性和韧性，同时达到了外硬内韧的效果，保证了比较重要的机械零件在复杂工作条件下的正常运行。

2. 化学成分

（1）C：0.10%～0.25%，可保证心部有良好的塑性和韧性。

（2）加入合金元素 Ni、Cr、Mn、B 等，作用是提高淬透性，改善表面和心部的组织与性能。镍在提高心部强度的同时还能提高韧性和淬透性。

（3）加入微量的 Mo、W、V、Ti 等合金元素，形成稳定的合金碳化物，提高渗碳层的硬度和耐磨性。

3. 热处理特点

预先热处理一般采用正火工艺，渗碳后热处理一般是淬火加低温回火，或是渗碳后直接淬火。

渗碳后工件表面碳的质量分数可达到 0.80%～1.05%，硬度可达到 60～62HRC。心部组织与钢的淬透性和零件的截面尺寸有关，全部淬透时，硬度为 40～48HRC。未淬透时，硬度为 25～40HRC。

4. 常用渗碳钢

按淬透性的高低不同，合金渗碳钢可分为低、中、高淬透性钢 3 类。

（1）低淬透性合金渗碳钢，有 15Cr、20Cr、20Mn2、20MnV 等，这类钢碳和合金元素总的质量分数（<2%）较低，淬透性较差，水淬临界直径为 20～35 mm，心部强度偏低。通常用来制造截面尺寸较小、受冲击载荷较小的耐磨件，如活塞销、小齿轮、滑块等。

（2）中淬透性合金渗碳钢，有 20CrMnTi、20CrMn、20CrMnMo、20MnVB 等。这类钢合金元素的质量分数（≤4%）较高，淬透性较好，油淬临界直径为 25～60 mm，渗碳淬火后有较高的心部强度。可用来制作承受中等动载荷的耐磨件，如汽车变速齿轮、花键轴套、齿轮轴、联轴节等。

（3）高淬透性合金渗碳钢，有 18Cr2Ni4WA、20Cr2Ni4A 等。这类钢的合金元素的质量分数更高（≤7.5%），在铬、镍等多种合金元素共同作用下，淬透性很高，油淬临界直径大于 100 mm，淬火和低温回火后心部有很高的强度。这类钢主要用来制作承受重载和强烈磨损的零件，如内燃机车的牵引齿轮、柴油机的曲轴和连杆等。

（四）调质钢

经调质处理后使用的钢称为调质钢，根据是否含合金元素分为碳素调质钢和合金调质钢。

1. 工作条件和性能要求

汽车、拖拉机、车床等其他机械上的重要零件如汽车底盘半轴、高强度螺栓、连杆等大多工作在受力复杂、负荷较重的条件下，要求具有较高水平的综合力学性能，即要求较高的强度与良好的塑性与韧性相配合。

但是不同的零件受力状况不同，其对性能要求的侧重也有所不同。整个截面受力都比较均匀的零件如只受单向拉、压、剪切的连杆，要求截面处处强度与韧性都要有良好的配合。截面受力不均匀的零件如表层受拉应力较大心部受拉应力较小的螺栓，则表层强度比心部就要要求高一些。

2. 化学成分

调质钢一般是中碳钢，钢中碳的质量分数在 0.30%～0.50%，碳含量过低，强度、硬度得不到保证；碳含量过高，塑性、韧性不够，而且使用时也会发生脆断现象。

合金调质钢的主加元素是铬、镍、硅、锰，它们的主要作用是提高淬透性，并能够溶入铁素体中使之强化，还能使韧性保持在较理想的水平。钒、钛、钼、钨等能细化晶粒，提高钢的回火稳定性。钼、钨还可以减轻和防止钢的第二类回火脆性，微量硼对 C 曲线有较大的影响，能明显提高淬透性。铝则可以加速钢的氮化过程。

3. 热处理特点

预先热处理采用退火或正火工艺，合金调质钢的淬透性较高，一般都在油中淬火，根据零件的实际要求，调质钢也可以在中、低温回火状态下使用。

4. 常用调质钢

合金调质钢可按其淬透性的高低分为 3 类。

（1）低淬透性合金调质钢，多为锰钢、硅锰钢、铬钢、硼钢，有 40Cr、40MnB、40MnVB 等。这类钢合金元素总的质量分数（<2.5%）较低，淬透性不高，油淬临界直径为 20～40 mm，常用来制作中等截面的零件，如柴油机曲轴、连杆、螺栓等。

（2）中淬透性合金调质钢，多为铬锰钢、铬钼钢、镍铬钢，有 35CrMo、38CrMoAl、38CrSi、40CrNi 等。这类钢合金元素的质量分数较高，油淬临界直径大于 40～60 mm，常用来制作大截面、重负荷的重要零件，如内燃机曲轴、变速箱主动轴等。

（3）高淬透性合金调质钢，多为铬镍钼钢、铬锰钼钢、铬镍钨钢，有 40CrNiMoA、40CrMnMo、25Cr2Ni4WA 等。这类钢合金元素的质量分数高，淬透性也很高，油淬临界直径大于 60～100 mm。铬和镍的适当配合，使此类钢的力学性能更加优异。主要用来制造截面尺寸更大、承受更重载荷的重要零件，如汽轮机主轴、叶轮、航空发动机轴等。

（五）弹簧钢

用来制造各种弹性零件如板簧、螺旋弹簧、钟表发条等的钢称为弹簧钢。

1. 工作条件和性能要求

弹簧是广泛应用于交通、机械、国防、仪表等行业及日常生活中的重要零件，主要工作在冲击、振动、扭转、弯曲等交变应力下，利用其较高的弹性变形能力来储存能量，以驱动某些装置或减缓震动和冲击作用。因此，弹簧必须有较高的弹性极限和强度，防止工作时产生塑性变形；弹簧还应有较高的疲劳强度和屈强比，避免疲劳破坏；弹簧应该具有较高的塑性和韧性，保证在承受冲击载荷条件下正常工作；弹簧应具有较好的耐热性和耐腐蚀性，以便适应高温及腐蚀的工作环境；为了进一步提高弹簧的力学性能，它还应该具有较高的淬透性和较低的脱碳敏感性。

2. 化学成分

弹簧钢的碳质量分数在 0.40%~0.70%，以保证其有较高弹性极限和疲劳强度，碳含量过低，强度不够，易产生塑性变形；碳含量过高，塑性和韧性会降低，耐冲击载荷能力下降。碳素钢制成的弹簧件力学性能较差，只能作一些工作在不太重要场合的小弹簧。

3. 热处理特点

根据弹簧的尺寸和加工方法不同，弹簧可分为热成型弹簧和冷成形弹簧两大类，它们的热处理工艺也不相同。

（1）热成型弹簧的热处理。直径或板厚大于 10~15 mm 的大型弹簧件，多用热轧钢丝或钢板制成。先把弹簧加热到高于正常淬火温度 50~80 ℃ 的条件下热卷成形，然后进行淬火+中温回火，获得具有良好弹性极限和疲劳强度的回火托氏体，硬度为 40~48HRC。

（2）冷成型弹簧的热处理。直径小于 8 mm 的小尺寸弹簧件，常用冷拔钢丝冷卷成形。根据拉拔工艺不同，冷成型弹簧可以只进行去应力处理或进行常规的弹簧热处理。

4. 常用弹簧钢

合金弹簧钢根据合金元素不同主要有两大类：

（1）硅、锰为主要合金元素的弹簧钢：65Mn、60Si2Mn 等，常用来制作大截面的弹簧。

（2）铬、钒、钨、钼等为主要合金元素的弹簧钢：50CrVA、60Si2CrVA 等，碳化物形成元素铬、钒、钨、钼的加入，能细化晶粒，提高淬透性，提高塑性和韧性，降低过热敏感性，常用来制作在较高温度下使用的承受重载荷的弹簧。

（六）滚动轴承钢

用来制作各种滚动轴承零件如轴承内外套圈、滚动体（滚珠、滚柱、滚针等）的专用钢称为滚动轴承钢。

1. 工作条件和性能要求

滚动轴承在工作时，滚动体与套圈处于点或线接触方式，接触应力在 1 500~5 000 MPa 以上。而且是周期性交变承载，每分钟的循环受力次数达上万次，经常会发生疲劳破坏使局部产生小块的剥落。除滚动摩擦外，滚动体和套圈还存在滑动摩擦，所以轴承的磨损失效也是十分常见的。因此，滚动轴承必须具有较高的淬透性，高且均匀的硬度和耐磨性，良好的韧性、弹性极限和接触疲劳强度，在大气及润滑介质下有良好的耐蚀性和尺寸稳定性。

2. 化学成分

滚动轴承钢碳的质量分数较高，一般在 0.95% ~ 1.10%，以保证其获得高强度、高硬度和高耐磨性。

铬是滚动轴承钢的基本合金元素，其质量分数为 0.4% ~ 1.05%。但铬的含量不易过高，对大型轴承（如钢珠直径超过 30 ~ 50 mm 的滚动轴承）而言，还可以加入硅、锰、钒，进一步提高淬透性、强度、耐磨性和回火稳定性。

滚动轴承钢的接触疲劳强度等对杂质和非金属夹杂物的含量和分布比较敏感，因此，必须将硫、磷的质量分数均控制在 0.02% 之内。

3. 热处理特点

滚动轴承的预先热处理采用球化退火，目的是降低锻造后钢的硬度，使其不高于 210HBS，提高切削加工性能，并为零件的最终热处理作组织上的准备。

滚动轴承钢的最终热处理一般是淬火+低温回火，淬火加热温度严格控制在 820 ~ 840 ℃，150 ~ 160 ℃ 回火。硬度为 61 ~ 65HRC。

对于尺寸稳定性要求很高的精密轴承，可在淬火后于 - 60 ~ - 80 ℃ 进行冷处理，然后再进行回火和磨削加工，为进一步稳定尺寸，最后采用低温时效处理 120 ~ 130 ℃ 保温 5 ~ 10 h。

4. 常用滚动轴承钢

我国的滚动轴承钢大致可分为几类：

（1）铬轴承钢。目前我国的轴承钢多为此类钢，其中最常见的是 GCr15，除用作中、小轴承外，还可制成精密量具、冷冲模具和机床丝杠等。

（2）其他轴承钢（含硅、锰等合金元素轴承钢）。为了提高淬透性，在制造大型和特大型轴承时常在铬轴承钢基础上添加硅、锰等，如 GCr15SiMn。

（3）无铬轴承钢。为节约铬，我国制成只有锰、硅、钼、钒，而不含铬的轴承钢，如 GSiMnV、GSiMnMoV 等，与铬轴承钢相比，其淬透性、耐磨性、接触疲劳强度、锻造性能较好，但是脱碳敏感性较大且耐蚀性较差。

（4）渗碳轴承钢。为进一步提高耐磨性和耐冲击载荷可采用渗碳轴承钢，如用于中小齿轮、轴承套圈、滚动件的 G20CrMo、G20CrNiMo；用于冲击载荷的大型轴承的 G20Cr2Ni4A。

四、合金工具钢

在碳素工具钢基础上加入一定种类和数量的合金元素，用来制造各种刀具、模具、量具等用钢就称为合金工具钢。与碳素工具钢相比，合金工具钢的硬度和耐磨性更高，而且还具有更好的淬透性、红硬性和回火稳定性。因此常被用来制作截面尺寸较大、几何形状较复杂、性能要求更高的工具。

（一）刃具钢

用来制造车刀、铣刀、锉刀、丝锥、钻头、板牙等刃具的钢统称为刃具钢。

1. 工作条件和性能要求

刀具在切削加工零件时，在受到零件的反作用的同时还受到与零件及切屑的摩擦力，刀具经受磨损。切削速度越快，摩擦越严重，刃部温度越高，甚至会达到 500 ~ 600 ℃。在被加工对象不同时，刀具还常受到冲击和振动。因此，刀具钢必须具有以下性能才能得以正常工作。

（1）高硬度。刀具的硬度必须大于被加工零件才能使零件被加工成形，一般切削刀具的刃口硬度都在 60HRC 以上。

（2）高耐磨性。耐磨性是影响刀具尤其是锉刀等使用寿命和工作效率的主要因素之一。刀具钢的耐磨性取决于钢的硬度、韧性和钢中碳化物的种类、数量、尺寸、分布等。

（3）高红硬性。红硬性是钢在高温下保持高硬度的能力。刀具工作时，刃部的温度很高，大都超过了碳素工具钢的软化温度。所以红硬性的高低是衡量刀具钢的重要指标之一，红硬性的高低与钢的回火稳定性和合金碳化物弥散沉淀有关。

（4）良好配合的强度、塑性和韧性能使刀具在冲击或震动载荷等作用下正常工作，防止脆断、崩刃等破坏。

2. 低合金刃具钢

对于某些低速而且走刀量较小的机用工具，以及要求不太高的刃具，可用碳素工具钢 T7、T8、T10、T12 等制作。碳素工具钢价格低廉，加工性能好，经适当热处理后可获得较高的硬度和良好的耐磨性。但是其淬透性差，回火稳定性和红硬性不高，不能用作对性能有较高要求的刀具。为了克服碳素工具钢的不足之处，在其基础上加 3% ~ 5% 的合金元素就形成了低合金刃具钢。

（1）化学成分。低合金刃具钢碳的平均质量分数大都在 0.75% ~ 1.5%，以保证获得较高的硬度和耐磨性。加入锰、硅、铬、钒、钨等合金元素改善了钢的性能，锰、硅、铬的主要作用是提高淬透性，硅还能提高回火稳定性，钨、钒等与碳形成细小弥散的合金碳化物，提高硬度和耐磨性，细化晶粒，进一步增加回火稳定性。

（2）热处理特点。低合金刃具钢的预先热处理是球化退火，目的是改善锻造组织和切削加工性能，最终热处理是淬火+低温回火。

（3）常用低合金刃具钢。常用的低合金刃具钢有 9SiCr、9Mn2V、CnWMn 等，其中以 9SiCr 钢应用为多。这类钢淬透性、耐磨性等明显高于碳素工具钢，而且变形量小，主要用于制造截面尺寸较大、几何形状较复杂、加工精度要求较高、切割速度不太高的板牙、丝锥、铰刀、搓丝板等。

3. 高速钢

高速钢是一种高合金工具钢，含钨、钼、铬、钒等合金元素，合金元素总量超过 10%。高速钢优于其他工具钢的主要之处是其具有良好的红硬性，在切削零件刃部温度高达 600 ℃ 时，硬度仍不会明显降低。因此，高速钢刀具能以比低合金工具钢高得多的切削速度加工零件，故冠名高速钢以示其特性，常用于车刀、铣刀、高速钻头等。

（1）化学成分。高速钢的碳平均质量分数较高，一般为 0.70% ~ 1.50%。高碳一方面是保证与钨、钼等诸多合金元素形成大量的合金碳化物，提高回火稳定性。另一方面是在加热时有较高的硬度和耐磨性。

钨是使高速钢具有较高红硬性的主要元素，钨在钢中主要以 Fe_4W_2C 形式存在。铬在高速钢中的主要作用是提高淬透性、硬度和耐磨性。铬主要以 $Cr_{23}C_6$ 形式存在。钒的主要作用是细化晶粒，提高硬度和耐磨性。钒碳化物为 V_4C 或 VC，比钨、钼、铬碳化物都稳定。

（2）热处理特点。高速钢的碳及合金元素质量分数皆较高。会使强度下降，脆性增加，并且不能通过热处理来改变碳化物分布，只有通过锻造将其击碎，使其均匀分布，锻后必须缓冷。

高速钢因其化学成分的特点，其热处理具有淬火加热温度高、回火次数多等特点。

（3）常用高速钢。我国常用高速钢有钨系钢如 W18Cr4V，红硬性和加工性能好，钨-钼系钢如 W5Mo5Cr4V2，耐磨性、热塑性和韧性较好，但脱碳敏感性较大，而且磨削性能不如钨系钢。近年来，我国又开发出含钴、铝等超硬高速钢，这类钢能更大限度地溶解合金元素，提高红硬性，但是脆性较大，有脱碳倾向。

（二）模具钢

用作冷冲压模、热锻压模、挤压模、压铸模等模具的钢称为模具钢。根据性质和使用条件的不同，可分为冷作模具钢和热作模具钢两大类。

1. 冷作模具钢

冷作模具钢用于制作在室温下对金属进行变形加工的模具，包括冷冲模、冷镦模、冷挤压模、拉丝模、落料模等。

（1）工作条件和性能要求。处于工作状态的冷作模具承受着强烈的冲击载荷和摩擦、很大的压力和弯曲力的作用，主要的失效破坏形式包括磨损、变形和开裂等，因此冷作模具钢要求具有较高的硬度和耐磨性，良好的韧性和疲劳强度。截面尺寸较大的模具还要求具有较高的淬透性，高精度模具则要求热处理变形小。

（2）化学成分。为保证获得高硬度和高耐磨性，冷作模具钢碳的质量分数较高，大多超过 1.0%，有的甚至高达 2.0%。

铬是冷作模具钢中的主要合金元素，能提高淬透性，形成 Cr_7C_3 或 $(Cr，Fe)_7C_3$ 等碳化物，能明显提高钢的耐磨性。锰可以提高淬透性和强度，钨、钼、钒等与碳形成细小弥散的碳化物，除了进一步提高淬透性、耐磨性、细化晶粒外，还能提高回火稳定性、强度和韧性。

（3）常用冷作模具钢。对于几何形状比较简单、截面尺寸和工作负荷不太大的模具可用高级优质碳素工具钢 T8A、T10A、T12A 和低合金刃具钢 9SiCr、9Mn2V、CrWMn 等，它们耐磨性较好，淬火变形不太大。对于形状复杂、尺寸和负荷较大的模具多用 Cr12 型钢，如 Cr12、Cr12MoV 钢或 W18Cr4V 等，它们的淬透性、耐磨性和强度较高，淬火变形较小。

2. 热作模具钢

热作模具钢用于制造在受热状态下对金属进行变形加工的模具，包括热锻模、热挤压模、热镦模、压铸模、高速锻模等。

（1）工作条件和性能要求。热作模具钢在工作时经常接触炽热的金属，型腔表面温度高达 400 ~ 600 °C。金属在巨大的压应力、张应力、弯曲应力和冲击载荷作用下，与型腔作相对运动时，会产生强烈的磨损。工作过程中还要反复受到冷却介质冷却和热态金属加热的交替作用，模具工作面出现热疲劳"龟裂纹"。因此，为使热作模具正常工作，要求模具用钢在较高的工作温度下具有良好的强韧性，较高的硬度、耐磨性、导热性、抗热疲劳能力，较高的淬透性和尺寸稳定性。

（2）化学成分。热作模具钢碳的质量分数一般保持在 0.3% ~ 0.6%，以获得所需的强度、硬度、耐磨性和韧性，碳含量过高，会导致韧性和导热性下降；碳含量过低，强度、硬度、耐磨性难以保证。

铬能提高淬透性和回火稳定性；镍除与铬共存时可提高淬透性外，还能提高综合力学性能；锰能提高淬透性和强度，但是有使韧性下降的趋势；钼、钨、钒等能产生二次硬化，提高红硬性、回火稳定性、抗热疲劳性、细化晶粒，钼和钨还能防止第二类回火脆性。

（3）热处理特点。热作模具钢热处理的目的主要是提高红硬性、抗热疲劳性和综合力学性能，最终热处理一般为淬火 + 高温（或中温）回火，以获得均匀的回火索氏体（或回火托氏体）。

由于钢在轧制时会出现纤维组织，导致各向异性，所以要予以锻造消除。锻后要缓冷，防止应力过大产生裂纹，采用 780 ~ 800 ℃ 保温 4 ~ 5 h 退火，消除锻造应力，改善切削加工性能，为最终热处理作组织上的准备。

（4）常用热作模具钢。制造中、小型热锻模（有效厚度小于 400 mm）一般选用 5CrMnMo 钢，制造大型热锻模（有效厚度大于 100 mm）多选用 5CrNiMo 钢，它的淬火加热温度比 5CrMnMo 钢高 10 ℃ 左右，淬透性和红硬性优于 5CrMnMo 钢。

热挤压模冲击载荷较小，但模具与热态金属长时间接触，对热强性和红硬性要求较高，常选用 3Cr2W8V 或 4Cr5W2VSi 钢，淬火后多次回火产生二次硬化，组织与高速钢类似。

（三）量具钢

用于制造卡尺、千分尺、样板、塞规、块规、螺旋测微仪等各种测量工具的钢被称为量具钢。

1. 工作条件和性能要求

量具在使用过程中始终与被测零件紧密接触并作相对移动，主要承受磨损破坏。因此要求其具有较高的硬度和耐磨性，以保证测量精度，还要有耐轻微冲击、碰撞的能力，热处理变形要小，在存放和作用过程中要有极高的尺寸稳定性。

2. 化学成分

量具钢碳的质量分数较高，一般为 0.90% ~ 1.50%，以保证良好的硬度和耐磨性。合金元素铬、钨、锰等提高淬透性，降低 M_S 点（马氏体开始转变点），使热应力和组织应力减小，减轻了淬火变形影响，还能形成合金碳化物提高硬度和耐磨性。

3. 热处理特点

量具钢热处理的主要目的是得到高硬度和高耐磨性，保持高的尺寸稳定性。所以量具钢应尽量采用在缓冷介质中淬火，并进行深冷处理以减少残余奥氏体量。然后低温回火消除应力，保证高硬度和高耐磨性。

4. 常用量具钢

我国目前没有专用的量具钢。对于量块、量规等形状复杂、精度要求高的量具可用 CrWMn、Cr12、GCr15、W18Cr4V 等钢制造。对于样板、塞规等形状简单、尺寸小、精度要求不高的量具可用 60、65Mn 等钢制造。对于在化工、煤矿、野外使用的对耐蚀性要求较高的量具可用 4Cr13、9Cr18 等钢制造。

五、特殊性能钢

不锈钢、耐热钢、耐磨钢等具有特殊物理、化学性能的钢被统称为特殊性能钢。

（一）不锈钢

不锈钢是指某些在大气和一般介质中具有较高化学稳定性的钢。

金属的腐蚀常可分为化学腐蚀和电化学腐蚀两类。

化学腐蚀是金属与周围介质发生纯粹的化学作用，整个腐蚀过程没有微电流产生，不发生电化学反应。化学腐蚀包括钢的高温氧化、脱碳，石油生产和输送过程钢的腐蚀，氢和含氢气氛对钢的腐蚀（氢蚀）等。

电化学腐蚀是金属在电解质溶液中产生了原电池，腐蚀过程中有微电流产生，电化学腐蚀包括金属在大气、海水、酸、碱、盐等溶液中产生的腐蚀。

1. 形成钝化膜保护金属

在钢中添加某些合金元素，钢受腐蚀时能立即在表面形成一层致密的钝化膜，隔绝钢与介质的接触，防止进一步腐蚀。如含铝、铬的合金钢在高温下能形成致密的氧化铝、氧化铬保护膜，阻碍氧原子向内扩散，提高了抗氧化性。

2. 获得单相组织，避免形成原电池

加入合金元素使钢在室温下仅为单相存在，无电极电位差，不产生微电流，不发生电化学腐蚀。

（二）耐热钢

耐热钢是指具有良好的高温抗氧化性和高温强度的钢。

1. 金属耐热性的基本概念

金属材料的耐热性包含高温抗氧化性和高温强度两方面。

1）高温抗氧化性。

金属的高温抗氧化性是指钢在高温条件下对氧化作用的抗力，是钢能否持久地工作在高温下的重要保证条件。氧化是一种典型的化学腐蚀，在高温空气、燃烧废气等氧化性气氛中，金属与氧接触发生化学反应即氧化腐蚀，腐蚀产物（氧化膜）附着在金属的表面。提高钢的抗氧化性的主要途径是合金化，在钢中加入铬、硅、铝等合金元素，使钢在高温与氧接触时，优先形成致密的高熔点氧化膜 Cr_2O_3、SiO_2、Al_2O_3 等，严密地覆盖住钢的表面，阻止氧化的继续进行。

2）高温强度。

金属的高温强度是指金属材料在高温下对机械载荷作用的抗力，即高温下金属材料抵抗塑性变形和破坏的能力。金属在高温下表现出的力学性能与室温下有较大的区别，当工作温度大于再结晶温度后，金属除了受外力作用产生了塑性变形和加工硬化外，还会发生再结晶和软化的过程，因此在室温下能正常服役的零件就难以满足高温下的要求。金属在高温下的力学性能与温度、时间、组织变化等因素有关。

2. 常用耐热钢

根据成分、性能和用途的不同，耐热钢可分为抗氧化钢和热强钢两类。

1）抗氧化钢。

抗氧化钢基本上是在铬钢、铬镍钢、铬锰氮钢基础上添加硅、铝、稀土元素等形成的，常用的有 3Cr18Mn12Si2N、2Cr20Mn9Ni2Si2N、3Cr18Ni25Si2 等钢，它们会形成 Cr_2O_3、SiO_2、Al_2O_3 氧化膜，

提高抗氧化性、抗硫蚀性和抗渗碳性，还具有较好的剪切、冲压和焊接性能。在铬钢中加入镧、铈等稀土元素，既可以降低 $Cr_{23}C_6$ 的挥发，形成更稳定的$(Ct，La)_2O_3$；又能促进铬的扩散，有利于形成 Cr_2O_3，进一步提高抗氧化性。

抗氧化钢的铸造性能较好，常制成铸件使用。可用于工作温度高达 1 000 ℃ 的零件，如加热炉的受热零件、锅炉吊钩等。

2）热强钢

（1）珠光体钢。珠光体热强钢一般在正火（Ac_3 + 50 ℃）及随后高于使用温度 100 ℃ 下回火后使用。它们的耐热性不高，大多用于工作温度小于 600 ℃，承载不大的耐热零件。

（2）马氏体钢。马氏体热强钢的铬质量分数较高，有 Cr12 型和 Cr13 型的钢 1Cr11MoV、1Cr12MoV 钢和 1Cr13、2Cr13 钢等。常被用作工作温度不超过 600 ℃，承受较大载荷的零件，如汽轮机叶片、增压器叶片、内燃机排气阀等。

（3）奥氏体钢。奥氏体热强钢含较高的铬和镍，总量超过 10%，常用钢有 1Cr18Ni9Ti、4Cr14Ni14W2Mo 等。一般经高温固溶处理或固溶时效处理，稳定组织或析出第二相进一步提高强度后使用。常被用作内燃机排气阀、燃汽轮机轮盘和叶片等。

（三）耐磨钢

耐磨钢主要是指在强烈冲击载荷作用下发生硬化的高锰钢。

高锰钢碳的质量分数在 0.09% ~ 1.5%），锰的质量分数为 11% ~ 14%，钢号表示为 Mn13。由于它的机械加工性能很差，常常是在铸态下使用，所以钢号又写成 ZGMn13。

如果工作时受到的冲击载荷和压力较小，不能引起充分的加工硬化，高锰钢的高耐磨性是发挥不出来的。由于高锰钢"内韧外硬"的优良特性，可广泛应用于同时要求耐磨、耐冲击的零件，如铁道上的辙道、辙尖，挖掘机铲斗，破碎机颚板、衬板，拖拉机、坦克的履带等。

第四节　铸　铁

本节介绍铸铁的特点、分类及编号，碳在铸铁中的两种存在形式。合金元素对铸铁中碳的存在形式和对基体组织及石墨化过程、石墨形态的影响，热处理对铸铁基体组织的影响。介绍灰口铸铁、可锻铸铁、球墨铸铁及特殊性能铸铁的化学成分、组织及性能特点和应用，介绍它们的石墨化过程、孕育处理、球化处理及热处理工艺。重点讨论灰口铸铁、可锻铸铁及球墨铸铁中石墨及基体的组织特征，合金元素和热处理工艺的作用，铸铁的特点及应用。

一、概　述

（一）铸铁的特点及分类

1. 特　点

（1）成分。含碳量> 2.11%的铁碳合金称为铸铁，特点是含有较高的 C 和 Si，同时也含有一定的 Mn、P、S 等杂质元素。

（2）组织。铸铁中 C、Si 含量较高，C 大部分、甚至全部以游离状态石墨（G）形式存在。

（3）性能。铸铁的缺点是由于石墨的存在，使它的强度、塑性及韧性较差，不能锻造，优点是其接近共晶成分，具有良好的铸造性；由于游离态石墨存在，使铸铁具有高的减摩性、切削加工性和低的缺口敏感性。目前，许多重要的机械零件能够用球墨铸铁来代替合金钢。

2. 分 类

根据 C 的存在形式，可以将铸铁分为：

（1）白口铸铁：C 全部以渗碳体形式存在，如共晶铸铁组织为 $L_{d'}$，断口白亮，硬而脆，很少应用。

（2）灰口铸铁：C 大部分或全部以石墨形式存在，如共晶铸铁组织为 F + G、F + P + G、P + G，断口暗灰，广泛应用。

（3）麻口铸铁：C 大部分以渗碳体形式存在，少部分以石墨形式存在，如共晶铸铁组织为 $L_{d'}$ + P + G，断口灰白相间，硬而脆，很少应用。

（二）铸铁的石墨化

1. 铸铁石墨化过程

铸铁中 G 的形成过程称为石墨化过程，大致分为两个阶段。

（1）第一阶段：从 L 相（液相）中析出的一次石墨（G_I）和共晶转变形成的共晶 G，以及 Fe_3C_I 和共晶 Fe_3C 分解出的 G。

（2）第二阶段：在共晶温度至共析温度之间析出的二次石墨（G_{II}）和共析 G 以及 Fe_3C_{II} 和共析 Fe_3C 分解出的 G。

高温时，石墨化过程进行比较完全；低温时，若冷却速度较快，石墨化过程将部分或全部被抑制。因此，灰口铸铁在室温下将可能得到 P + G、F + P + G、F + G 等组织。

2. 影响铸铁石墨化的因素

影响铸铁石墨化的因素主要有化学成分、冷却速度及铁水处理等。

1）化学成分

合金元素可以分为促进石墨化元素和阻碍石墨化元素，顺序为：

Al、C、Si、Ti、Ni、P、Co、Zr、Nb、W、Mn、S、Cr、V、Fe、Mg、Ce、B 等。其中，Nb 为中性元素，向左促进程度加强，向右阻碍程度加强。

C 和 Si 是铸铁中主要的强烈促进石墨化元素，为综合考虑它们的影响，引入碳当量 C_E = C% + 1/3Si%，一般 $C_E \approx 4\%$，接近共晶点。S 是强烈阻碍石墨化元素，降低铸铁的铸造和力学性能，应控制其含量。

2）冷却速度

冷速越快，越不利于铸铁的石墨化，这主要取决于浇注温度、铸型材料的导热能力及铸件壁厚等因素。冷速过快，第二阶段石墨化难以充分进行。

（三）石墨与基体对铸铁性能的影响

1. G 的数量、大小、形状及分布

（1）数量：G 破坏基体连续性，减小承载面积，是应力集中和裂纹源，故 G 越多，抗拉强度、塑

性及韧性越低。

（2）大小：越粗，局部承载面积越小，越细，应力集中越大，均使性能下降，故应有适合尺寸（长度 0.03 ~ 0.25 mm）。

（3）分布：越均匀，性能越好。

（4）由片状至球状，强度、塑性及韧性均提高。

2. 基 体

F 基体塑性和韧性好，P 基体强度、硬度及耐磨性高。

二、常用铸铁

（一）灰口铸铁

灰口铸铁中的 G 呈片状分布，分为普通灰口铸铁和孕育铸铁。

1. 灰口铸铁的牌号、成分与组织

（1）牌号：标准 GB 5612—85，HT（灰铁）+ 3 位数字（最低 σ_b），其中，HT100 为 F 基，HT150 为 F+P 基，HT200 ~ 250 为 P 基，HT250 ~ 350 为孕育铸铁。

（2）成分：2.5% ~ 3.6%C，1.1% ~ 2.5%Si，0.6% ~ 1.2%Mn 及少量 S 和 P。

（3）组织：G 呈片状，按基体分为 F、F+P 及 P 灰口铸铁，分别适用于低、中、较高负荷。

2. 灰口铸铁的性能与应用

由于粗大片状的 G 存在，灰口铸铁的抗拉强度、塑性及韧性低，但其铁水流动性好、凝固收缩小、缺口敏感性小、抗压强度高、切削加工性好，并且具有减摩及消震作用。

3. 灰口铸铁的孕育处理

加入 0.3% ~ 0.8%硅铁，经孕育剂处理的孕育铸铁具有更高的性能，用于制造承受高载荷的零构件。

4. 灰口铸铁的热处理

灰口铸铁热处理只能改变基体，而不能改变 G 的形态和分布，强化效果不如钢和球墨铸铁。

1）消除内应力退火（人工时效）

为消除内应力引起的变形或开裂，将铸件缓慢加热（60 ~ 100 ℃/h）至 500 ~ 550 ℃ 保温一定时间（每 10 mm 保温 2 h），然后随炉缓冷（20 ~ 40 ℃/h）至 150 ~ 200 ℃ 出炉空冷。

2）高温石墨化退火

为消除表面或薄壁处的白口组织，降低硬度，改善切削加工性，将铸件加热至 850 ~ 950 ℃ 保温 1 ~ 4 h（A+G），使部分渗碳体分解为 G，然后随炉缓冷至 400 ~ 500 ℃ 以下出炉空冷。高温退火得到 F 或 F+P 基灰口铸铁。

3）正火

为消除白口和提高强度、硬度及耐磨性，将铸件加热至 850 ~ 950 ℃，保温 1 ~ 3 h，然后出炉空冷，最后得到 P 基灰口铸铁。

4）表面淬火

为提高表面强度、硬度、耐磨性及疲劳强度，通过表面淬火使铸件表层得到细 M 和石墨的硬化层。一般选用孕育铸铁，基体最好为 P 组织。

（二）可锻铸铁

由一定成分的白口铸铁经石墨化退火使渗碳体分解为团絮状 G 的一种高强度灰口铸铁，分为黑心可锻铸铁（F 基）、珠光体可锻铸铁（P 基）及白心可锻铸铁（表层氧化脱碳，少用）。可锻铸铁的强度、韧性，特别是塑性高于普通灰口铸铁，但实际上不能锻造。

1. 可锻铸铁的牌号、成分与组织

（1）牌号：按 GB 978—67，KT（可铁）+ H、Z、B（黑心、珠光体、白心）+ 3 位数字(最低σ_b) + 2 位数字（最低δ）。

（2）成分：可锻铸铁由两个矛盾的工艺组成，即先得到白口铁，再经石墨化退火得到可锻铸铁。因此，要适当降低石墨化元素 C、Si 和增加阻碍石墨化元素 Mn、Cr，化学成分为：2.4% ~ 2.8%C，0.8% ~ 1.4%Si，0.3% ~ 0.6%Mn（珠光体可锻铸铁 1.0% ~ 1.2%）。

（3）组织：基体为 F 和 P，G 为团絮状。

2. 可锻铸铁的石墨化退火

（1）黑心可锻铸铁：将白口铁加热至 950 ~ 1 000 ℃，保温约 15 h，共晶 $Fe_3C \rightarrow A+$团絮状 G。

（2）P 可锻铸铁：加热后冷却至 800 ~ 860 ℃，$A \rightarrow G_{II}$，然后出炉空冷使共析 Fe_3C 不分解，最后得到 P 可锻铸铁。

3. 可锻铸铁的性能与应用

F 可锻铸铁塑性及韧性较好，P 可锻铸铁强度、硬度及耐磨性较高。

（三）球墨铸铁

球墨铸铁始于 1948 年，我国于 1950 年开始研制球墨铸铁。由于 G 呈球状分布，球墨铸铁的性能远优于其他铸铁，应用甚广。

1. 球墨铸铁的牌号、成分

（1）牌号：按 GB 1348—78，QT（球铁）+ 3 位数字（最低σ_b）+ 2 位数字（最低δ）。

（2）成分：强烈石墨化元素 C、Si 含量较高，$C_E \approx 4.5\% ~ 4.7\%$，属于过共晶，含碳量过低，球化不良，含碳量过高，G 漂浮。一般采取"高碳低硅原则"。阻碍石墨化元素 Mn，有利于形成 P 基体，含量较低。S、P 限制很严。

2. 球墨铸铁的球化处理与孕育处理

将球化剂加入铁水中（一般放入浇包底部）的操作过程称为球化处理。常用的球化剂有镁、稀土及稀土镁合金。镁和稀土为强烈阻碍石墨化元素，为防止白口，同时进行孕育处理，孕育剂一般选用硅铁。

3. 球墨铸铁的性能与应用

球铁具有优良的机械性能，G 的圆整度越好、球径越小、分布越均匀，性能就越高。在"以铸代锻，以铁代钢"方面有广泛应用。

4. 球墨铸铁的热处理

通过热处理可以改变基体组织，提高性能。

1）退火

（1）消除内应力退火。

（2）高温石墨化退火：将铸件加热至 900 ~ 950 ℃ 保温 1 ~ 4 h（第一阶段石墨化），然后炉冷至 600 ~ 650 ℃ 出炉空冷。

（3）低温石墨化退火：将铸件加热至 720 ~ 760 ℃ 保温 3 ~ 6 h，然后炉冷至 600 ℃ 出炉空冷。

退火的目的是消除自由渗碳体（高温退火）或共析渗碳体（低温退火），得到 F 球铁，降低硬度，提高切削加工性。

2）正火

（1）高温正火（完全 A 化正火）：将铸件加热至 880 ~ 900 ℃，保温 1 ~ 3 h，使基体全部 A 化，然后出炉空冷，获得 P 球铁。冷却时产生内应力，采用 550 ~ 600 ℃ 保温 2 ~ 4 h 空冷的回火消除。

（2）低温正火（不完全 A 化正火）：将铸件加热至共析温度区间 820 ~ 860 ℃ 保温 1 ~ 3 h，使基体部分 A 化，然后出炉空冷，获得 P + F 球铁。若内应力较大，采用同样的回火消除。

3）调质

将铸件加热至 A_{c1}+30 ~ 50 ℃（860 ~ 900 ℃）保温 2 ~ 4 h，然后油淬，再经 550 ~ 600 ℃ 回火 4 ~ 6 h，获得回火 S 基体+球状 G 组织。

调质的目的是提高综合机械性能。

4）等温淬火 •

将铸件加热至 A_{c1}+30 ~ 50 ℃（860 ~ 900 ℃）保温一段时间，然后淬入 M_s 以上某一温度的盐浴中等温一段时间（一般 250 ~ 350 ℃，30 ~ 90 min），使过冷奥氏体转变为下贝氏体基体组织。

（四）特殊性能铸铁

在普通铸铁基础上加入某些合金元素，形成具有特殊性能的合金铸铁。

1. 耐磨铸铁

1）无润滑条件下使用的耐磨铸铁（抗磨铸铁）

（1）白口铸铁，强度和韧性差，不能直接使用。

（2）合金白口铸铁，包括 P 合金白口铸铁和 M 合金白口铸铁。

（3）激冷铸铁，形成表面为白口，心部为灰口的组织。

（4）稀土镁中锰球墨铸铁，提高了强度和韧性。

2）有润滑条件下使用的耐磨铸铁（减摩铸铁）（略）

2. 耐热铸铁

铸铁耐热性：在高温下铸铁抵抗"氧化"和"生长"的能力。生长是指铸铁在反复加热和冷却时产生的不可逆体积长大现象。

3. 耐蚀铸铁

提高铸铁耐蚀性的主要途径有：

（1）加入 Cr、Al、Si 形成保护膜。

（2）加入 Cr、Si、Mo、Cu、Ni 提高 F 基体的电极电位。

（3）加入 Cr、Si、Ni 获得单相 F 或 A 基体。

（4）减少 G 数量，形成球状 G。

耐蚀铸铁主要有高硅耐蚀铸铁、高铝耐蚀铸铁和高铬耐蚀铸铁。

第五节　钢的热处理

钢的热处理是通过各种特定的加热和冷却方法，使钢件获得工程技术上所需性能的各种工艺过程的总称。

热处理工艺主要介绍钢的普通常见的热处理方法，即钢的退火、正火、淬火和回火。

退火和正火是应用最为广泛的热处理工艺。在机械零件和工、模具的制造加工过程中，退火和正火往往是不可缺少的先行工序，具有承前启后的作用。机械零件及工、模具的毛坯退火或正火后，可以消除或减轻铸件、锻件及焊接件的内应力与成分、组织的不均匀性，从而改善钢件的机械性能和工艺性能，为切削加工及最终热处理（淬火）作好组织、性能准备。一些对性能要求不高的机械零件或工程构件，退火和正火亦可作为最终热处理。

一、退火的目的及工艺

退火是将钢加热到适当的温度，经过一定时间保温后缓慢冷却，以达到改善组织、提高加工性能的一种热处理工艺。其主要目的是减轻钢的化学成分及组织的不均匀性，细化晶粒，降低硬度，消除内应力，以及为淬火作好组织准备。

退火工艺种类很多，常用的有完全退火、等温退火、球化退火、扩散退火、去应力退火及再结晶退火等。它们有的加热到临界点以上，有的加热到临界点以下。对于加热温度在临界点以上的退火工艺，其质量主要取决于加热温度、保温时间、冷却速度及等温温度等。对于加热温度在临界点以下的退火工艺，其质量主要取决于加热温度的均匀性。

1. 完全退火

完全退火是将亚共析钢加热到 A_{c3} 以上 20～30 ℃，保温一定时间后随炉缓慢冷却至 500 ℃ 左右出炉空冷，以获得接近平衡组织的一种热处理工艺。

低碳钢和过共析钢不宜采用完全退火。低碳钢完全退火后硬度偏低，不利于切削加工。

2. 等温退火

完全退火所需时间很长，特别是对于某些奥氏体比较稳定的合金钢，往往需要几十小时，为了缩短退火时间，可采用等温退火。

3. 球化退火

球化退火是使钢中渗碳体球化，获得球状（或粒状）珠光体的一种热处理工艺。近年来，球化退火工艺应用于亚共析钢也取得了较好的效果，只要工艺控制恰当，同样可使渗碳体球化，从而有利于冷成型加工。

4. 扩散退火

扩散退火是将钢锭或铸钢件加热到略低于固相线的温度，长时间保温，然后缓慢冷却，以消除化学成分不均匀现象的一种热处理工艺。由于高温扩散退火生产周期长、消耗能量大、生产成本高，所以一般不轻易采用。

5. 去应力退火

为了消除冷加工以及铸造、焊接过程中引起的残余内应力而进行的退火，称为去应力退火。去应力退火还能降低硬度，提高尺寸稳定性，防止工件的变形和开裂。

二、正火的目的及工艺

正火是将钢加热到 A_{c3} 或 A_{ccm} 以上 30～50 ℃，保温一定时间，然后在空气中冷却以获得珠光体类组织的一种热处理工艺。正火与退火的主要区别在于冷却速度不同，正火冷却速度较快，获得的珠光体组织较细，强度和硬度也较高。

正火与退火的目的相似，但正火态钢的机械性能较高，而且正火生产效率高，成本低，因此在工业生产中应尽量用正火代替退火。正火的主要应用是：

（1）作为普通结构零件的最终热处理。

（2）作为低、中碳结构钢的预先热处理，可获得合适的硬度，便于切削加工。

（3）用于过共析钢消除网状二次渗碳体，为球化退火作好组织准备。

综上所述，为改善钢的切削性能，低碳钢宜用正火；共析钢和过共析钢宜用球化退火，且过共析钢宜在球化退火前采用正火消除网状二次渗碳体；中碳钢最好采用退火，但也可采用正火。

三、淬火的目的及工艺

淬火是将钢加热到 A_{c3} 或 A_{c1} 以上的一定温度，保温后快速冷却，以获得马氏体（或下贝氏体）组织的一种热处理工艺。马氏体强化是钢最有效的强化手段，因此，淬火也是钢的最重要的热处理工艺。

（一）淬火加热温度

淬火加热温度一般限制在临界点以上 30～50 ℃。

（二）淬火冷却介质

冷却也是影响淬火质量的一个重要因素。因此，选择合适的淬火冷却介质，对于达到淬火目的和保证淬火质量具有十分重要的意义。淬火最常用的冷却介质是水、盐水和油。

水是既经济又有很强冷却能力的淬火冷却介质。其不足之处是在 650～550 ℃ 的范围内冷却能力不够强，而在 300～200 ℃ 范围内冷却能力又偏强，不符合理想淬火冷却介质的要求。盐水的淬火冷却能力比清水更强，尤其在 650～550 ℃ 范围内具有很强的冷却能力，这对尺寸较大的碳钢件的淬火是非常有利的。采用盐水淬火时，由于盐晶体在工件表面的析出和爆裂，可不断有效地打破包围在工件表面的蒸汽膜和促使附着在工件表面上的氧化铁皮的剥落。因此，用盐水淬火的工件容易获得高硬度和光洁的表面，且不会产生淬不硬的软点，这是清水淬火所不及的。但是盐水在 300～200 ℃ 以下温度范围内，冷却能力仍像清水那样相当强，能使工件变形加重，甚至发生开裂。此外，盐水对工件有锈蚀作用，淬过火的工件必须进行清洗。

总之，水和盐水主要适用于形状简单、硬度要求高而均匀、变形要求不严格的碳钢零件的淬火。

油是一类冷却能力较弱的淬火冷却介质。淬火用油主要为各种矿物油。油在高温区冷却速度不够，不利于碳钢的淬硬，但有利于减少工件的变形。因此，在实际生产中，油主要用作过冷奥氏体稳定性好的合金钢和尺寸小的碳钢零件的淬火冷却介质。

熔融状态的碱浴和硝盐浴也常用作淬火冷却介质。碱浴在高温区的冷却能力比油强而比水弱，而硝盐在高温区的冷却能力比油略弱。在低温区域，碱浴和硝盐浴的冷却能力都比油弱。因此碱浴和硝盐浴广泛作截面不大、形状复杂、变形要求严格的工具钢的分级淬火或等温淬火的冷却介质。

（三）淬火冷却方法

由于淬火介质不能完全满足淬火质量的要求，所以要选择适当的淬火方法，以保证在获得所需要的淬火组织和性能的前提下，尽量减小淬火应力、工件变形和开裂倾向。最常用的几种淬火方法如下：

1. 单液淬火

单液淬火是将奥氏体化后的钢件淬入一种介质中连续冷却获得马氏体组织的一种淬火方法。这种方法操作简单，易实现机械化与自动化热处理，但它只适用于形状简单的碳钢和合金钢零件的淬火。

2. 双液淬火

双液淬火是先将奥氏体化后的钢件淬入冷却能力较强的介质中冷至接近 M_s 点温度时快速转入冷却能力较弱的介质中冷却，直至完成马氏体转变。这种淬火法利用了两种介质的优点，获得了较为理想的冷却条件；在保证工件获得马氏体组织的同时，减小了淬火应力，能有效防止工件的变形或开裂。在工业生产中常以水和油分别作为两种冷却介质，故又称之为水淬油冷法。双液淬火法要求操作人员必须具有丰富的实践经验，否则难以保证淬火质量。

3. 分级淬火

分级淬火是将奥氏体化后的钢件淬入稍高于 M_s 点温度的盐浴中，保持到工件内外温度接近后取出，使其在缓慢冷却条件下发生马氏体转变。这种淬火方法显著降低了淬火应力，因而更为有效地减小或防止了淬火工件的变形和开裂。因受熔盐冷却能力的限制，它只适用于处理尺寸较小的工件。

4. 等温淬火

等温淬火是将奥氏体化后的钢件淬入高于 M_s 点温度的盐浴中，等温保持，以获得下贝氏体组织的一种淬火工艺。这种淬火方法处理的工件强度高、韧性好；同时因淬火应力很小，故工件淬火变形极小。它多用于处理形状复杂、尺寸较小的零件。

四、回火的目的及工艺

回火是将淬火钢加热到临界点 A_{c1} 以下的某一温度，保温后以适当方式冷却到室温的一种热处理工艺。

（一）回火的主要目

（1）降低脆性：消除或减少内应力。淬火钢存在很大的内应力，如不及时回火，往往会导致工件的变形和开裂。

（2）稳定组织和工件尺寸：回火过程中，不稳定的淬火马氏体和残余奥氏体会转变为较稳定的铁素体和渗碳体或碳化物的两相混合物，从而保证了工件在使用过程中形状和尺寸的稳定性。

（3）获得要求的机械性能：钢的淬火态组织一般虽然硬度很高，但脆性也很大，可通过适当温度的回火，以获得零件所要求的强度、硬度、塑性和韧性的良好配合。

（二）回火钢的性能

淬火钢在回火过程中，回火温度、回火组织、钢的性能之间存在着一一对应关系。

回火温度越高，钢的硬度越低。在 200 ℃ 以下回火时，硬度下降甚微；而高碳钢在 100 ℃ 左右回火时，硬度甚至稍有提高。在 200~250 ℃ 回火时，高碳钢的硬度几乎停止下降。当回火温度超过 250 ℃ 以后，钢的硬度随回火温度的升高直线下降。

在较低温度（200~300 ℃）回火时，因淬火引起的内应力被消除，钢的屈服强度和抗拉强度都得到提高。在 300~400 ℃ 温度范围内回火时，钢的弹性极限达到最高值。进一步提高回火温度，钢的强度将迅速下降，钢的塑性和韧性一般都随着回火温度的升高而增长。在 600 ℃ 左右回火时，钢的塑性、韧性与强度达到良好配合，即可获得较好的综合机械性能。

淬火钢经回火获得的托氏体和索氏体组织与过冷奥氏体直接分解所得到的托氏体和索氏体相比，具有较优的性能；在硬度相同时，前者具有较高的屈服强度、塑性和韧性。这主要是因为组织形态不同所致。

（三）回火的种类

淬火钢回火后的组织和性能决定于回火温度。按回火温度范围的不同，可将钢的回火分为 3 类：

1. 低温回火

回火温度范围一般为 150~250 ℃，得到回火马氏体组织。淬火钢经低温回火后仍保持高硬度（58~64 HRC）和高耐磨性。其主要目的是为了降低淬火应力和脆性。各种高碳钢工、模具及耐磨零件通常采用低温回火。

2. 中温回火

回火温度范围通常为 350~500 ℃，得到回火托氏体组织。淬火钢经中温回火后，硬度为 HRC35~45，具有较高的弹性极限和屈服极限，并有一定的塑性和韧性。中温回火主要用于各种弹簧的处理。

3. 高温回火

回火温度范围通常为 500～650 ℃，得到回火索氏体组织，硬度为 HRC25～35。淬火钢经高温回火后，在保持较高强度的同时，又具有较好的塑性和韧性，即综合机械性能较好。人们通常将中碳钢的淬火加高温回火的热处理称为调质处理。它广泛应用于处理各种重要的结构零件，如在交变载荷下工作的连杆、螺栓、齿轮及轴类等。

（四）回火脆性

淬火钢回火时，其冲击韧性并非随着回火温度的升高而单调地提高，在 250～400 ℃ 和 450～650 ℃ 两个温度区间内出现明显下降，这种脆化现象称为钢的回火脆性。

1. 低温回火脆性

淬火钢在 250～400 ℃ 温度范围内回火出现的脆性称为低温回火脆性，也叫第一类回火脆性。几乎所有的淬火钢在 300 ℃ 左右回火时都会出现这种脆性。低温回火脆性为不可逆回火脆性，为了防止低温回火脆性，通常的办法是避免在脆化温度范围内回火。

2. 高温回火脆性

淬火钢在 500～650 ℃ 温度范围内回火出现的脆性称为高温回火脆性，又叫第二类回火脆性。这类回火脆性主要出现在含 Cr、Ni、Mn、Si 等合金元素的钢中。高温回火脆性又称可逆回火脆性。

五、钢的表面淬火

表面淬火是采用快速加热的方法使工件表面奥氏体化，然后快冷获得表层淬火组织的一种热处理工艺。

很多承受弯曲、扭转、摩擦和冲击的零件，其表面要比心部承受更高的应力。因此，要求零件表面应具有高的强度、硬度和耐磨性，而心部在保持一定强度、硬度的条件下，应具有足够的塑性和韧性。显然，采用表面淬火的热处理工艺，能使工件达到这种表硬心韧的性能要求。

表面淬火是钢表面强化的方法之一，由于其具有工艺简单、生产率高、热处理缺陷少等优点，因而在工业生产中获得了广泛的应用。根据加热方法的不同，表面淬火可分为感应加热表面淬火、火焰加热表面淬火、电接触加热表面淬火、电解液加热表面淬火及激光加热表面淬火等。其中应用最广泛的是感应加热与火焰加热表面淬火方法。

1. 感应加热的基本原理

感应加热是利用电磁感应原理，使工件表面产生密度很高的感应电流，将工件表层迅速加热。

2. 感应加热表面淬火的种类

根据所用电流频率的不同，感应加热表面淬火可分为 3 类：

（1）高频感应加热表面淬火：电流频率为 100～500 kHz，最常用频率为 200～300 kHz，可获淬硬层深度为 0.5～2.0 mm，主要适用于中、小模数齿轮及中、小尺寸轴类零件的表面淬火。

（2）中频感应加热表面淬火：电流频率为 500～10 000 Hz，最常用频率为 2 500～8 000 Hz。可获淬硬层深度为 3～5 mm。主要用于要求淬硬层较深的较大尺寸的轴类零件及大中模数齿轮的表面淬火。

（3）工频感应加热表面淬火：电流频率为 50 Hz，不需要变频设备。可获得淬硬层深度为 10～15 mm。适用于轧辊、火车车轮等大直径零件的表面淬火。

感应加热速度极快，一般不进行加热保温，为保证奥氏体化质量，感应加热表面淬火可采用较高的淬火加热温度，一般可比普通淬火温度高 100～200 ℃。

感应加热表面淬火通常采用喷射介质冷却。工件经表面淬火后，一般应在 180～200 ℃ 进行回火，以降低残余应力和脆性。

3. 感应加热表面淬火的特点

与普通加热淬火相比，感应加热表面淬火有以下主要特点：

（1）由于感应加热速度极快，钢的奥氏体化温度明显升高，奥氏体化时间显著缩短，即奥氏体化是短时间内在一个很宽的温度范围内完成的。

（2）由于感应加热时间短、过热度大，硬度比普通淬火的高 2～3 HRC，韧性也明显提高。

（3）表面淬火后，不仅工件表层强度高，而且由于在工件表层形成了有利的残余压应力，从而有效地提高了工件的疲劳强度并降低了缺口敏感性。

（4）感应加热速度快、时间短，工件一般不会发生氧化和脱碳；同时由于芯部未被加热，淬火变形小。

（5）感应加热表面淬火的生产效率高，便于实现机械化和自动化；但因设备费用昂贵，不宜用于单件生产。

感应加热表面淬火主要适用于中碳和中碳低合金结构钢，例如 40、45、40Cr、40MnB 等。

六、钢的化学热处理

化学热处理是将工件置于特定介质中加热和保温，使介质中的活性原子渗入工件表层，改变表层的化学成分和组织，从而达到改进表层性能的一种热处理工艺。与表面淬火相比，化学热处理后的工件表层不仅有组织的变化，而且有化学成分的变化，所以，化学热处理使工件表层性能提高的程度超过了表面淬火的水平。

化学热处理不仅可以显著提高工件表层的硬度、耐磨性、疲劳强度和耐腐蚀性能，而且能够保证工件心部具有良好的强韧性。因此，化学热处理在工业生产中已获得越来越广泛的应用。

化学热处理种类很多，根据渗入元素的不同，可分为渗碳、渗氮（氮化）、碳氮共渗（氰化）、渗硼、渗硫、渗金属、多元共渗等。在机械制造工业中，最常用的化学热处理工艺有钢的渗碳、氮化和碳氮共渗。

（一）钢的渗碳

将低碳钢放入渗碳介质中，在 900～950 ℃ 加热保温，使活性碳原子渗入钢件表面以获得高碳渗层的化学热处理工艺称为渗碳。渗碳的主要目的是提高工件表面的硬度、耐磨性和疲劳强度，同时保持心部具有一定强度和良好的塑性与韧性。渗碳钢的含碳量一般为 0.1%～0.3%，常用渗碳钢有 20、20Cr、20CrMnTi、12CrNi、20MnVB 等。因此，一些重要的钢制机器零件经渗碳和热处理后，能兼有高碳钢和低碳钢的性能，从而使它们既能承受磨损和较高的表面接触应力，同时又能承受弯曲应力及冲击载荷的作用。

1. 渗碳方法

根据所用渗碳剂的不同,渗碳方法可分为 3 种,即气体渗碳、固体渗碳和液体渗碳。常用的是前两种,尤其是气体渗碳应用最为广泛。

1)气体渗碳

气体渗碳是零件在含有气体渗碳介质的密封高温炉罐中进行渗碳处理的工艺。通常使用的渗碳剂是易分解的有机液体,如煤油、苯、甲醇、丙酮等。

2)固体渗碳

固体渗碳是将工件装入渗碳箱中,周围填满固体渗碳剂,密封后送入加热炉内,进行加热渗碳。渗碳温度一般也为 900 ~ 950 ℃。

2. 渗碳层成分、组织和厚度

低碳钢渗碳后,表层含碳量可达过共析成分,由表往里碳浓度逐渐降低,直至渗碳钢的原始成分。

渗碳层的厚度主要根据零件的工作条件来确定。渗碳层太薄,易产生表面疲劳剥落;太厚则使零件承受冲击载荷的能力降低。一般机械零件的渗碳层厚度在 0.5 ~ 2.0 mm。工作中磨损轻、接触应力小的零件,渗碳层可以薄些;渗碳钢含碳量较低时,渗碳层应厚些;合金钢的渗碳层可以比碳钢的薄些。

3. 渗碳后的热处理

为了充分发挥渗碳层的作用,使渗碳件表面获得高硬度和高耐磨性,渗碳后应进行热处理。

1)直接淬火

工件渗碳后预冷到一定温度直接进行淬火,这种方法一般适用于气体或液体渗碳,固体渗碳时较难采用。

2)一次淬火

渗碳后让工件缓慢冷却下来,然后再次加热淬火。与直接淬火相比,一次淬火可使钢的组织得到一定程度的细化。对于心部性能要求较高的工件,淬火温度应略高于心部成分的 A_{c3} 点;对于心部强度要求不高,而要求表面有较高硬度和耐磨性的工件,淬火温度应略高于 A_{c1};对介于两者之间的渗碳件,要兼顾表层与心部的组织及性能,淬火温度可选在 A_{c1} ~ A_{c3}。

不论采用哪种方法淬火,渗碳件在最终淬火后都应进行低温回火。回火温度一般为 180 ~ 200 ℃。

（二）钢的氮化

向钢的表面渗入氮元素,以获得富氮表层的化学热处理称为渗氮,通常叫作氮化。

与渗碳相比,钢件氮化后表层具有更高的硬度和耐磨性。氮化后的工件表层硬度高达 950 ~ 1 200 HV,相当于 85 ~ 72HRC。

（三）钢的氰化

氰化就是向钢件表层同时渗入碳和氮的化学热处理工艺,又称为碳氮共渗。

中温气体氰化是将钢件放入密封炉罐内加热到 820 ~ 860 ℃,并向炉内滴入煤油或其他渗碳剂,同时通入氨气。

第六节　有色金属和硬质合金

本节介绍铝及其合金、铜及其合金和滑动轴承合金的分类、编号、成分、性能及用途。着重分析铝铜合金的时效强化，讨论铝合金及铜合金的成分、性能、热处理特点及应用，简述滑动轴承合金的工作条件和性能。

铁及其合金称为黑色金属，除此以外的称为有色金属，包括轻金属、重金属、贵金属、稀有金属及放射性金属。

一、铝及铝合金

（一）工业纯铝

1. 结构与性能

密度 2.72 g/cm^3，熔点 660.37 ℃，FCC 晶格，无同素异构转变，特点是：① 密度小，熔点低，强度、硬度低，塑性、韧性高；② 优良的导电及导热性；③ 优良的耐蚀性。

2. 纯铝的牌号及用途

压力加工产品用 L 表示，后面的顺序号表示杂质含量的多少，分类：

（1）工业纯铝：L1 ~ L7（99.7% ~ 98%），编号大，纯度低；

（2）高纯铝：L04 ~ L01（99.996% ~ 99.93%），编号大，纯度高。

（二）铝合金

1. 铝合金的性能及分类

某些铝合金经热处理后强度显著提高，特别是比强度（σ_b/ρ）很高，是重要的航空材料。

2. 铝合金的热处理

以 Al-Cu 合金为例，讨论合金的固溶处理和时效强化。与钢的热处理不同，铝无同素异构转变，加热时发生（$\alpha + CuAl_2$）$\rightarrow \alpha$，淬火时 α（平衡）$\rightarrow \alpha$（过饱和），结构不变。

固溶处理：将合金加热至单相固溶体区保温后快速冷却，得到过饱和固溶体的热处理工艺。固溶强化效果不明显。

时效处理：将过饱和固溶体在室温放置很长时间或者加热至某一温度保温一段时间，随着时间的延长，强度、硬度升高，这种热处理工艺称为时效处理（前者为自然时效，后者为人工时效），这种强化方法称为时效强化。

影响时效强化的因素：① 固溶体浓度，浓度越大，强化效果越大；② 时效温度，温度越高，时效加快，但降低最高硬度值；③ 时效时间，时间越长，强化效果越好，但超过一定时间，产生软化。

过时效：若时效温度过高，等温时间过长，导致合金软化。

3. 形变铝合金

要求有良好的冷热加工性，不允许有过多的第二相，一般 Me <5%，高强度合金中，Me = 8% ~ 14%。

分为可热处理强化铝合金（硬铝、超硬铝及锻铝）和不能热处理强化铝合金（防锈铝），分别表示为 LY、LC、LD 和 LF，其后为顺序号。

（1）防锈铝合金。主要有 Al-Mn，Al-Mg 合金，特点为耐蚀性高，塑性和焊接性好，切削加工性差。

（2）硬铝合金（杜拉铝）。典型的是 Al-Cu-Mg 系合金，特点是时效后强度、硬度很高，加工性能好，但耐蚀性差，易晶间腐蚀，常采用包铝。

① 低强度硬铝合金。如 LY1～LY10，主要析出θ相，强度低，塑性高，适合作铆接材料。

② 中强度（标准）硬铝合金。如 LY11，主要为θ相，其次为 S 相，强度较高，塑性较好，适合作中等载荷结构件。

③ 高强度硬铝合金。典型的是 LY12，主要为 S 相，其次为θ相，强度较高，具有良好的耐热性，塑性较差，适合作较高载荷结构件。

（3）超硬铝合金。典型的是 Al-Zn-Mg-Cu 系合金，特点是时效后强度、硬度更高，热加工性能好，但塑性及耐蚀性差，常采用包铝。

（4）锻铝合金。典型为 Al-Mg-Si-Cu 系合金，特点为热塑性及耐蚀性高。

4. 铸造铝合金

铸造铝合金除了要有足够的机械性能及耐蚀性外，还要有优良的铸造性能。共晶合金的铸造性能最好，但由于有大量脆性相，使脆性增加，因此实际使用的并非都是共晶合金。

1）铝硅系铸造铝合金（铝硅明）

航空业应用最广的材料，特点是有良好的铸造、耐蚀和机械性能。

（1）简单铝硅合金（简单铝硅明）：典型的是 ZL102，11%～13%Si，强度、塑性及韧性差。

（2）含 Mg 的特殊铝硅合金（特殊铝硅明）：在 Al-Si 合金中加入 Mg，形成 Mg_2Si。

（3）含 Cu 的特殊铝硅合金（特殊铝硅明）：加入 Cu 形成θ相（$CuAl_2$）。常用的有 ZL107，经过变质处理加人工时效，使强度明显提高。

（4）含 Cu、Mg 的特殊铝硅合金（特殊铝硅明）：同时加入 Cu、Mg，除形成 Mg_2Si、θ相外，还形成 W（$Cu_4Mg_5Si_4Al_x$）、S（$CuMgAl_2$）相。

2）铝铜系铸造铝合金

其特点是耐热性在铝合金中最高。缺点是铸造性和耐蚀性差，随着 Cu 增加，铸造性能越好，耐蚀性增加，但强度降低（共晶点 33.2%Cu），因此 Cu < 14%。

3）铝镁系铸造铝合金

其特点是密度最小，耐蚀性最好，强度最高，有较好的韧性。缺点是铸造性差，热强性低，使用温度小于 200 ℃。常用的有 ZL301、ZL302。ZL301 的室温组织为 α +Mg_5Al_8。

4）铝锌系铸造铝合金

其特点是强度较高，有良好的铸造、切削加工性能。缺点是耐蚀性差。常用 ZL401（含 Zn 铝硅明），属于 Al-Zn-Si 系。

二、铜及铜合金

（一）纯铜（紫铜）

1. 结构与性能

密度 8.94 g/cm^3，熔点 1 083 ℃，无磁性，FCC 晶格，无同素异构转变，特点是：① 优良的导电、导热及耐蚀性（不耐硝酸和硫酸）；② 高的塑性及可焊性。

2. 纯铜的牌号及用途

按氧含量和生产方法不同分类：

（1）韧铜（工业纯铜）：0.02%～0.10%O，用 T（铜）表示，T1～T4，顺序号越大，纯度越低。

（2）无氧铜：<0.003%O，用 TU（无氧铜）表示，TU1、TU2。

（3）脱氧铜：<0.01%O，用 TU+脱氧剂化学符号表示，TUP、TUMn（磷脱氧铜和锰脱氧铜）。

（二）铜的合金化和铜合金的分类及编号

1. 铜的合金化

纯铜强度较低，加工硬化较为显著，但塑性大为降低，合金化是有效途径。

（1）固溶强化：优先选择与铜固溶度大的合金元素，如 Zn、Al、Sn、Mn、Ni 等。

（2）时效强化：选择固溶度随温度变化大的合金元素，如 Be。

（3）过剩相强化：第二相的弥散强化作用。

2. 铜合金的分类及编号

根据加入合金元素的不同，分为黄铜、青铜和白铜。

1）黄　铜

以 Zn 为主加元素的铜合金称为黄铜，分为 Cu-Zn 二元合金的普通（简单）黄铜和在 Cu-Zn 基础上加入其他合金元素形成的特殊（复杂）黄铜。

普通黄铜牌号：H（黄）+铜质量分数，如 H80。

特殊黄铜牌号：H（黄）+第一合金元素+铜质量分数-第一合金元素质量分数-第二合金元素质量分数，如 HAl59-3-2。

铸造黄铜牌号：ZCuZn+锌（第一合金元素）质量分数+第二合金元素+第二合金元素质量分数，如 ZCuZn40Pb2。

2）青　铜

Cu-Sn 合金是应用最早的青铜，现将除 Zn、Ni 以外的合金元素为主加元素的铜合金称为青铜，如锡青铜、铝青铜、铍青铜等。

压力加工青铜牌号：Q（青）+主加元素及含量+辅加元素含量，如 QAl5。

铸造青铜牌号：ZCu+合金元素及含量，如 ZCuSn10。

3）白　铜

以 Ni 为主加元素的铜合金称为白铜，分为普通（简单）白铜和特殊（复杂）白铜，也可分为耐蚀用白铜和电工用白铜。

普通白铜牌号：B（白）+镍质量分数，如 B30。

特殊白铜牌号：B（白）+第二合金元素+Ni 质量分数+第二合金元素质量分数，如 BMn3-12。

（三）黄　铜

1. 普通黄铜

普通黄铜是 Cu-Zn 合金，工业上使用的黄铜 Zn < 50%。

2. 特殊黄铜

在 Cu-Zn 基础上加入 Al、Fe、Si、Mn、Pb、Ni 等形成，分别称为铝黄铜、铁黄铜等，目的是提高机械、耐蚀及工艺性能。

3. 铸造黄铜

铸造黄铜含较多的铜及少量的合金元素，目的是降低熔点，减小液固相线间隔，提高铸造性能。铸造黄铜除具有一定的机械性能外，还具有良好的耐蚀性。

4. 黄铜的脱锌和季裂

脱锌和季裂是黄铜常见的腐蚀破坏形式。

（1）脱锌：在酸性和盐类溶液中，表面层的锌由于电极电位低而遭受电化学腐蚀，被逐渐溶解。

（2）季裂：典型的应力腐蚀开裂，采用 260～300 ℃ 去应力退火可以消除。

（四）青 铜

典型的是锡青铜，现将除黄铜和白铜以外的铜合金都称为青铜。

1. 锡青铜

以 Sn 为主加元素的铜合金称为锡青铜。

锡青铜的特点是耐蚀性高，超过纯铜和黄铜，缺点是结晶温度间隔宽，铸造性能差，为此加辅加元素 Pb、Zn 等改善。

2. 铝青铜

以 Al 为主加元素的铜合金称为铝青铜。

铝青铜的特点是强度、硬度、耐磨性和耐蚀性均优于黄铜和锡青铜，结晶温度区间小，流动性能好，缺点是易形成 Al_2O_3 杂质、切削加工性和焊接性差。

3. 铍青铜

以 Be 为主加元素的铜合金称为铍青铜。

特点是弹性极限和疲劳强度极高，导电、导热性高，耐蚀、耐磨性好，无磁性，接触时不溅射火花，适合作高精密弹性元件；具有强烈的时效硬化效应，时效处理后的强度及硬度很高，可以达到 σ_b ≈ 1 250～1 500 MPa，350～400 HB。缺点是价格昂贵，有毒。

4. 硅青铜

以 Si 为主加元素的铜合金称为硅青铜，具有良好的冷、热加工性能，铸造性能，价格低廉。当 Si > 3%时，塑性将快速下降。

（五）白 铜

白铜是以 Ni 为主加元素的铜合金，Cu-Ni 合金为匀晶系，固态下为无限固溶体，具有良好的强度、硬度、塑性及韧性，具有良好的冷、热加工性，高耐蚀性。

三、滑动轴承合金

（一）滑动轴承的工作条件及性能要求

滑动轴承与滚动轴承相比，具有承载面积大，工作平稳，无噪声，装拆方便等优点。它由轴承体和轴瓦组成，轴瓦一般是在钢制轴瓦内侧浇注或者轧制一层耐磨合金（内衬）。用于制造轴瓦内衬的耐磨合金称为滑动轴承合金。

1. 工作条件

高速运转时，轴瓦和轴之间产生强烈摩擦，承受周期性负荷和冲击力，使材料磨损。

2. 性能要求

（1）耐磨性高，具有较小的摩擦系数（减摩）。
（2）疲劳强度和抗压强度高。
（3）足够的塑性及韧性。
（4）导热性和耐蚀性好。
一般采用在软基体上均匀分布一定大小的硬质点的合金，或者反之。

（二）滑动轴承合金的分类与编号

常用 Sn、Pb、Al、Cu、Fe 基轴承合金。其中，锡基和铅基合金又称为巴氏合金。
牌号：Z（铸）（Ch（承））+基本元素+主加元素+主加元素含量+辅加元素+辅加元素含量。

（三）常用的滑动轴承合金

1. 锡基轴承合金（锡基巴氏合金）

以 Sn-Sb 合金为基的合金，是软基体上分布硬质点的合金，历史悠久。

2. 铅基轴承合金（铅基巴氏合金）

作为锡基轴承合金的代用合金，以 Pb-Sb 系应用最广，也是软基体上分布硬质点的合金。

3. 铜基轴承合金

主要包括铅青铜及锡青铜，常用的有如下牌号：
ZCuPb30 是硬基体上分布软质点的轴承合金，润滑性能好，摩擦系数小，耐磨性好，导热性强，用于高速滑动轴承。
ZCuSn10P1 是软基体上分布硬质点的轴承合金，强度高，耐磨性好。

4. 铝基轴承合金

特点是密度小，导热性好，承载强度和疲劳强度高，热强性高，具有优良的耐蚀性和减摩性。
1）Al-Sb-Mg 轴承合金
成分 3.5% ~ 5.0%Sb，0.3% ~ 0.7%Mg，Fe≤0.75%，Si≤0.5%，余为 Al，是软基体上分布硬质点的合金。承载能力不大。
2）Al-Sn 轴承合金
高锡铝基轴承合金具有高的承载能力和疲劳强度，成分为 17.5% ~ 22.5%Sn，0.75 ~ 1.25%Cu，余为 Al，是硬基体上分布软质点的合金。

第三章

机械零件

第一节　键连接

键是一种标准件，通常用于连接轴与轴上旋转零件与摆动零件，起周向固定零件的作用以传递旋转运动成扭矩，而导键、滑键、花键还可用作轴上移动的导向装置。

键连接的主要类型有松键连接、紧键连接。其中松键连接有平键、半圆键、花键连接；紧键连接有楔键连接和切向键连接。

一、松键连接

1. 平键连接

如图 3.1 所示为普通平键连接的结构形式。普通平键的工作面是其两侧面，靠键两侧面挤压传扭；对中性好，精度高，但不能承受轴向力；能用于高速、变载冲击的场合。

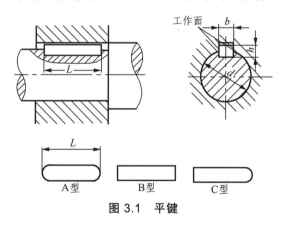

图 3.1　平键

普通平键有 A 型、B 型、C 型 3 种类型，其中 A 型（圆头）平键宜放在轴上用键槽铣刀铣出的键槽中，键在键槽中固定良好，应用广泛。B 型（方头）平键放在锯片铣刀铣出的键槽中，对尺寸大的键宜用紧定螺钉压在轴上的键槽中以免松动。C 型（单圆头）平键常用于轴端与轴上零件的连接。

当轴上零件在工作过程中需要作轴向移动时，需采用由导向平键或滑键组成的动连接，如图 3.2 所示。

导向平键的工作面也是其两侧面。它相当于普通平面键的加长，轴上零件可相对于轴向移动，靠侧面工作，对中性好，结构简单；键较长，需设起键螺钉孔。

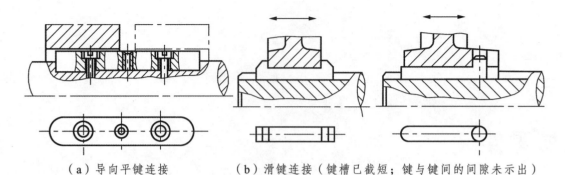

（a）导向平键连接　　　（b）滑键连接（键槽已截短；键与键间的间隙未示出）

图 3.2　导向平键与滑键

当零件滑行距离较大时，宜采用滑键，滑键固定在轮毂上，轴上零件能带动滑键在轴上键槽中作轴向移动，因此轴上需铣出较长的键槽。

2. 半圆键连接

如图 3.3 所示，半圆键的工作面仍然是它的两侧面。键为半圆形，可绕槽底圆弧摆动，自动适应装配；键槽深，对轴削弱大，故一般用于轻载，适用于轴的锥形端。

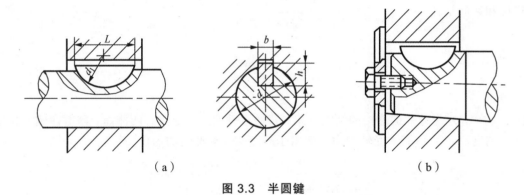

（a）　　　　　　　　　　　　　　　　（b）

图 3.3　半圆键

3. 花键连接

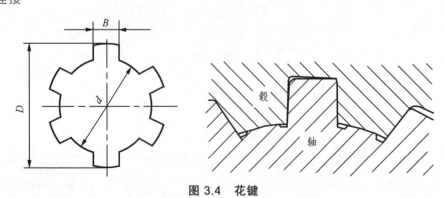

图 3.4　花键

如图 3.4 所示，花键的工作面也是键齿的侧面。它具有键齿多，接触面大，承载能力大；对中性，导向性好；齿槽浅，对轴削弱小的应用特点。但加工复杂，成本高。广泛用于荷载大、定心精度高的场合。

花键连接已标准化。按齿形不同，分为矩形花键、渐开线花键和三角形花键 3 种，其中以矩形花键应用最广。

二、紧键连接

1. 锲键连接

如图 3.5 所示，锲键的上、下面为工作表面，上表面有 1∶100 斜度（侧面有间隙），工作时打紧，靠上下面摩擦传递扭矩，并可承受不大的单向力；对中性差，冲击、变载下易松脱。应用于对中性要求不高的低速场合。

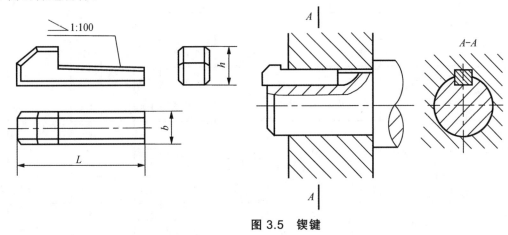

图 3.5　锲键

2. 切向键连接

如图 3.6 所示，切向键由一对单面有 1∶100 斜度的锲键组成，键的工作面也是其上、下两个平行表面。但键槽深、对轴削弱大、对中性差。应用于轴径 > 60 mm，对中性要求不高，传扭大的低速场合。

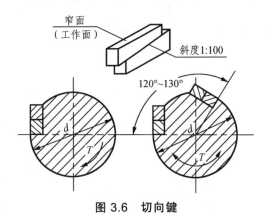

图 3.6　切向键

三、平键的标准、选用

1. 平键的标准

平键是标准件。普通平键的规格采用 $b \times L$ 标记，b 为宽度，h 为厚度，L 为长度。

标记示例：

圆头普通平键（A 型），$b = 16$ mm，$h = 10$ mm，$L = 100$ mm

　　　　键 16 × 100 GB1096（A 可省略不标）

平头普通平键（B 型），$b = 16$ mm，$h = 10$ mm，$L = 100$ mm

　　　　键 B16 × 100 GB1096

单圆头普通平键 $b = 16$ mm，$h = 10$ mm，$L = 100$ mm

　　　　键 C16 × 100 GB1096

平键为标准件，其尺寸、类型、公差均按标准选用（见表 3.1）。

表 3.1　平键公差表

轴径	键	键 槽										
		宽度						深度				半径
d	b×h	*b*	偏差					轴		毂		
			较松		一般		较紧					
			轴 H9	毂 D10	轴 N8	毂 JS9	轴毂 P9	*t*	偏差	*t*1	偏差	最大	最小
6～8	2×2	2	+ 0.025 0	+ 0.060 + 0.020	− 0.004 − 0.029	± 0.0125	− 0.006 − 0.031	1.2		1		
> 8～10	3×3	3						1.8		1.4		0.08	0.16
> 10～12	4×4	4	+ 0.030 0	+ 0.078 0.030	0 − 0.030	± 0.015	− 0.012 − 0.042	2.5	+ 0.1 0	1.8	+ 0.1 0	
> 12～17	5×5	5						3.0		2.3		
> 17～22	6×6	6						3.5		2.8		0.16	0.25
> 22～30	8×7	8	+ 0.036 0	+ 0.098 0.040	0 − 0.030	± 0.018	− 0.012 − 0.042	4.0		3.3		
> 30～38	10×8	10						5.0		3.3		
> 44～50	14×9	14	+ 0.043 0	+ 0.120 + 0.050	0 − 0.043	± 0.0215	− 0.018 − 0.061	5.5		3.8		0.25	0.40
> 50～58	16×10	16						6.0		4.3		
> 58～65	18×11	18						7.0	+ 0.2 0	4.4	+ 0.2 0	
> 65～75	20×12	20						7.5		4.9		
> 75～85	22×14	22	+ 0.052 0	+ 0.149 + 0.065	0 − 0.052	± 0.026	− 0.022 − 0.074	9.0		5.4		
> 85～95	25×14	25						9.0		5.4		0.70	0.60
> 95～110	28×16	28						10.0		6.4		
> 110～130	32×18	32						11.0		7.4		
> 130～150	36×20	36						12.0		8.4		
> 150～170	40×22	40	+0.062 0	+ 0.180 + 0.080	0 − 0.062	± 0.031	− 0.026 − 0.088	13.0		9.4		0.40	0.60
> 170～200	45×25	45						15.0		10.4		
> 200～230	50×28	50						17.0		11.4		
> 230～260	56×32	56						20.0	+ 0.3 0	12.4	+ 0.3 0	
> 260～290	63×32	63	+0.074 0	+ 0.220 + 0.100	0 − 0.074	± 0.037	0.032 − 0.106	20.0		12.4		1.2	1.6
> 290～330	70×36	70						22.0		14.4		
> 330～380	80×40	80						25.0		15.4		
> 380～440	90×45	90	+ 0.087 0	+ 0.260 + 0.120	0 − 0.087	± 0.0135	− 0.037 − 0.124	28.0		17.4		2.0	2.5
> 440～500	100×50	100						31.0		19.5		

2. 平键的连接形式和选用

（1）尺寸选用。

键的截（剖）面尺寸 $b \times h$ 按装键处的轴径 d 从标准中选取。

键的长度按键长略短于或等于配合轮毂长的原则，从标准中选取[一般取 $L=(1.5 \sim 2)d$]。

（2）连接形式的选用。

平键连接均采用基轴制配合，配合松紧程度通过改变齿槽的宽度公差带位置实现。

连接形式有：

① 较松键连接：用于导向平键连接。

② 一般键连接：用于常用机械装置。

③ 较紧键连接：用于重载、冲击荷载或双向传扭的场合。

四、销连接简介

1. 销的几种基本形式

用销使两个零件连接在一起，叫销连接。销主要有圆柱形、圆锥形两种[见图 3.7（a）、（b）]，圆柱销不能多次装拆，否则定位精度下降，圆锥销（1∶50 锥度）可自锁，定位精度较高，允许多次装拆，且便于拆卸。其他形式，如带螺纹锥销，异尾锥销，弹性销，开口销，槽销等多种形式，是由此演化而来的。

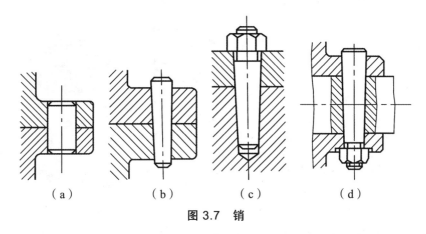

|（a）|（b）|（c）|（d）|

图 3.7　销

销的材料常用 35 钢（淬火 28 ~ 38HRC）、45 钢（淬火 38 ~ 46HRC）、30CrMnSiA（淬火 37 ~ 42HRC）或 T8a、T10a 等材料制造，并经淬火达到要求的硬度。开口销一般用低碳钢制成。

2. 销连接的功用

销连接的主要用于零件间位置定位；传递运动、动力；安全保护装置中作剪断元件。

（1）用来作定位元件。

主要用来确定零件间的相互位置，起这种作用的圆柱销、圆锥销，通常称为定位销。

圆锥销[见图 3.7（b）]具有 1∶50 锥度，具有可靠的自锁性，可以在同一锁孔中经多次装拆而不影响被连接零件间的相互位置精度。定位销也可以用圆柱销[见图 3.7（a）]，圆柱销是靠过盈配合而固定在孔中的，所以如经过多次装拆，就会降低连接可靠性和定位精度。

定位销一般不承受载荷或只承受很小的载荷，直径可按结构要求来确定。使用的数目不得少于两个。锁在每一连接件中的长度约为销直径的 1 ~ 2 倍。

（2）用来传递横向力和转矩。

使用圆柱销或圆锥销也可以传递不大的横向力和转矩。圆柱孔需铰制，依靠过盈配合而连接紧固。

（3）用来作为安全装置中的被切断零件。

在传递横向力和转矩过载时销就会被切断，从而保护了连接件免受损坏，这种连接的销称为安全销。安全销可以用于传动装置的过载保护，如安全联轴器等过载时的被切断零件。

第二节 螺纹连接

螺纹连接是利用螺纹零件构成的可拆连接，它的主要功能是把若干个零件连接在一起，这种连接构造简单，拆装方便，工作可靠。标准螺纹紧固件的种类和形式很多，是由专业工厂批量生产的，成本很低，因此应用非常广泛。

一、螺纹的基本知识

1. 螺纹形成

如图 3.8 所示，把一锐角为 ψ 的直角三角形绕到一直径为 d 的圆柱体上，绕时底边与圆柱底边重合，则斜边就在圆柱体上形成一条空间螺旋线。螺旋线的特性是：沿着圆柱表面在螺旋线上运动的点，其轴向位移 a 与相应的角位移 θ 成正比。

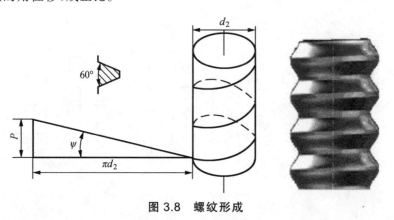

图 3.8 螺纹形成

螺纹则是在圆柱或圆锥表面沿螺旋线形成的具有相同剖面（如三角形、正方形……）的连续凸起（牙）和沟槽。外圆柱表面上的螺纹叫外螺纹，内圆柱表面上的螺纹叫内螺纹。

2. 螺纹分类

如图 3.9 所示，外圆柱表面上的螺纹叫外螺纹，内圆柱表面上的螺纹叫内螺纹。

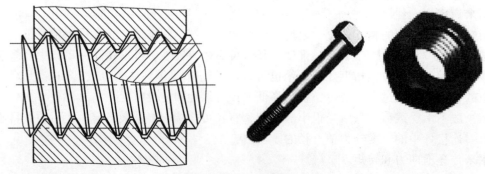

图 3.9 内、外螺纹

螺纹的旋向是螺旋线在圆柱面上的旋转方向。按螺纹的旋向不同，可以分为顺时针方向旋入的右螺纹和逆时针方向旋入的左螺纹，如图 3.10 所示。螺纹的旋向也可以用右手来判定，手心对着自己，螺纹旋向与右手大拇指的指向一致为右螺纹，反之为左螺纹。一般常用右螺纹，也叫正扣。

如图 3.11 所示，按螺旋线的数目可将螺纹分为单线螺纹和多线螺纹。单线多用于连接，多线则用于传动。

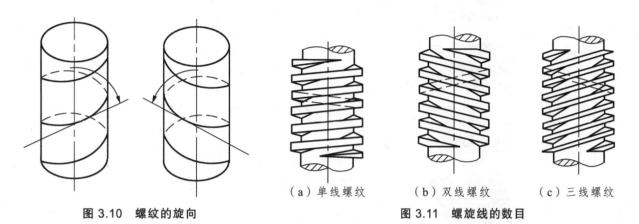

图 3.10　螺纹的旋向　　　　　　　　　　（a）单线螺纹　　　（b）双线螺纹　　　（c）三线螺纹

图 3.11　螺旋线的数目

如图 3.12 所示，按螺纹截面形状可分为三角形（a）、梯形（b）、锯齿形（c）、矩形（d）以及其他特殊形状的螺纹。

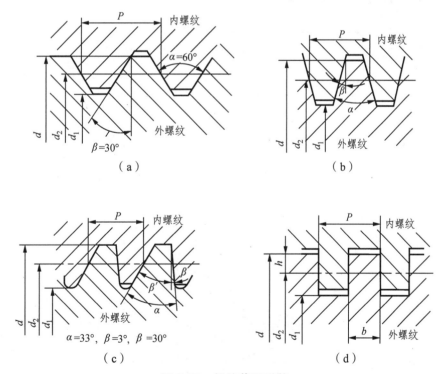

图 3.12　螺纹截面形状

管螺纹有非螺纹密封的管螺纹和螺纹密封的管螺纹。非螺纹密封的管螺纹其内外螺纹是圆柱形，连接后本身不具有密封性；螺纹密封的管螺纹，包括有圆锥内螺纹与圆锥外螺纹和圆柱内螺纹与圆锥外螺纹两种连接形式。连接本身具有一定的密封能力。

3. 常用螺纹牙型与应用（见表 3.2）

表 3.2　常用螺纹牙型与应用

螺纹种类		牙型放大图	应用场合
连接螺纹	普通螺纹		牙型角为 60°，同一直径按螺矩大小，可分为粗牙与细牙 应用最广。一般连接多用粗牙，细牙用于薄壁零件，也常用于受冲击、振动和微调机构
	管螺纹		牙型角为 55°，公称直径近似为管子内径 多用于水、油、气的管路以及电器管路系统的连接中
			牙型角为 55°，螺纹分布在 1∶16 的圆锥管上 适用于管子、管接头、阀门和其他螺纹连接的附件，用螺纹密封的管螺纹
传动螺纹	梯形螺纹		牙型角为 30°，内径与外径处有相等间隙 广泛用于传力或螺旋传动中，加工工艺性好，牙根强度高，螺旋副的对中性好
	锯齿形螺纹		工作面的牙型半角 3°，非工作面的牙型半径 30° 广泛用于单向受力的传动机构。外螺纹的牙根处有圆角，减小应力集中，牙根强度高

4. 普通螺纹的主要参数

普通螺纹的主要参数有 8 个，即大径、小径、中径、螺距、线数、导程、牙型角、螺纹升角，如图 3.13 所示。对标准螺纹来说，只要知道大径、螺距、线数、牙型角就可以了，而其他参数，可以通过计算或查表得出。

（1）螺纹大径（D、d）。与外螺纹牙底或内螺纹牙顶相重合的假想圆柱面的直径称为大径，内螺纹用 D 表示，外螺纹用 d 表示。

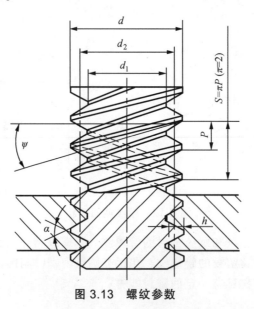

图 3.13　螺纹参数

（2）螺纹小径（D_1、d_1）。与外螺纹牙底或内螺纹牙顶相重合的假想圆柱面的直径称为小径。内螺纹用 D_1 表示，外螺纹用 d_1 表示。

（3）螺纹中径（D_2、d_2）。中径指一个假想的中径圆柱的直径，该圆柱的母线通过牙型上沟槽和凸起宽度相等的地方，内螺纹用 D_2 表示，外螺纹用 d_2 表示。.

（4）螺距（P）。螺距是相邻两牙在中径线上对应两点间的轴向距离。

（5）线数（Z）。线数是指一个螺纹零件的螺旋线数目。

（6）导程（S）。导程是同一条螺旋线上的相邻两牙在中径线上对应两点间的轴向距离，$S = nP$。

（7）牙型角 α、牙型半角 $\alpha/2$。牙型角是指螺纹牙型上相邻两牙侧间的夹角，用 a 表示，普通螺纹 $\alpha = 60°$。牙侧与螺纹轴线的垂线的夹角叫牙型半角。

（8）螺纹升角（ψ）。螺纹升角是指在中径线上螺旋线的切线与垂直螺纹轴线的平面的夹角。

$$\psi = \arctan \frac{L}{\pi d_2} = \arctan \frac{nP}{\pi d_2}$$

二、螺纹连接的基本类型和常用螺纹连接件

螺纹连接是利用螺纹零件构成的可拆卸的固定连接。螺纹连接具有结构简单、紧固可靠、装拆迅速方便等特点，因此应用极为广泛。

螺纹连接的基本类型有螺栓连接、双头螺柱连接、螺钉联接和紧定螺钉连接 4 种。

1. 螺栓连接（见图 3.14）

普通螺栓连接——被连接件不太厚，螺杆带钉头，通孔不带螺纹，螺杆穿过通孔与螺母配合使用。装配后孔与杆间有间隙，并在工作中不许消失，结构简单，装折方便，可多个装拆，应用较广。如图 3.14（a）所示。

精密螺栓连接——装配后无间隙，主要承受横向载荷，也可作定位用，采用基孔制配合铰制孔螺栓连接（H7/m6，H7/n6）。如图 3.14（b）所示。

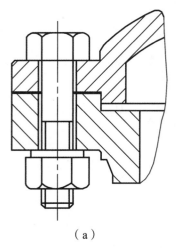
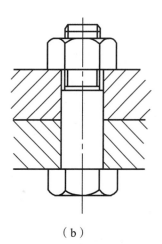

（a）　　　　　　　　　　　　　　（b）

图 3.14　螺栓连接

2. 双头螺栓连接[见图 3.15（a）]

螺杆两端无钉头，但均有螺纹，装配时一端旋入被连接件，另一端配以螺母。

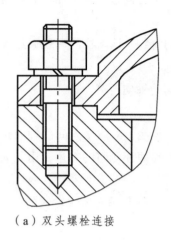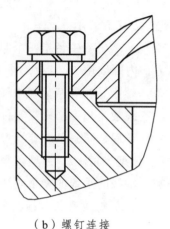

（a）双头螺栓连接   （b）螺钉连接

图 3.15

适于常拆卸而被连接件之一较厚时。拆装时只需拆螺母，而不用将双头螺栓从被连接件中拧出。

3. 螺钉连接[见图 3.15（b）]

螺钉连接适于被连接件之一较厚（上带螺纹孔），不需经常装拆，一端有螺钉头，不需螺母，适于受载较小情况。

4. 紧定螺钉连接[见图 3.16（a）]

紧定螺钉拧入后，利用杆末端顶住另一零件表面或旋入零件相应的缺口中以固定零件的相对位置。可传递不大的轴向力或扭矩。

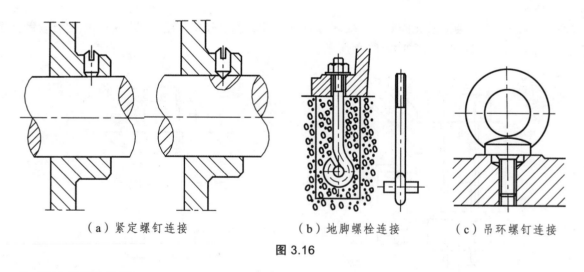

（a）紧定螺钉连接   （b）地脚螺栓连接   （c）吊环螺钉连接

图 3.16

5. 特殊用螺钉连接

特殊用螺钉连接常用的有地脚螺栓连接[见图 3.16（b）]和吊环螺钉连接[见图 3.16（c）]。地脚螺栓连接用于混凝土基础中固定机架，而吊环螺钉连接的主要作用是起吊载荷。

螺纹连接件的类型很多，除螺栓、螺柱、螺钉、紧定螺钉外，还有自攻螺钉、螺母、垫圈等，如图 3.17 所示。螺纹连接件大多已经标准化，使用时只需参考有关手册选择。

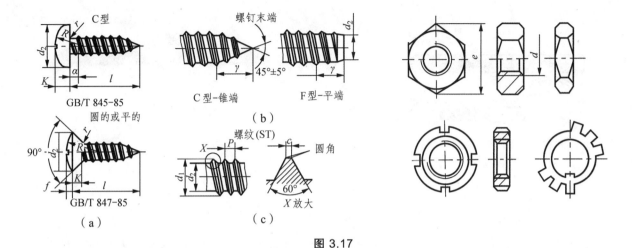

图 3.17

三、螺纹连接的装拆工具及防松方法

1. 螺纹连接的装拆工具

由于螺栓、螺柱和螺钉的种类繁多，螺纹连接的装拆工具也很多，使用时，应根据具体情况合理选用。

1）旋具（螺丝刀）

旋具是用来旋紧或松开头部带沟槽的螺钉。一般旋具的工作部分用碳素工具钢制成，并经过淬火硬化。常用的旋具有一字和十字两种。

2）扳手

扳手是用来旋紧六角形、正方形螺钉和各种螺母的。常用工具钢、合金钢或可锻铸铁制成。它的开口处要求光整、耐磨。扳手分为活扳手、专用扳手和特殊扳手3类，如图3.18所示。

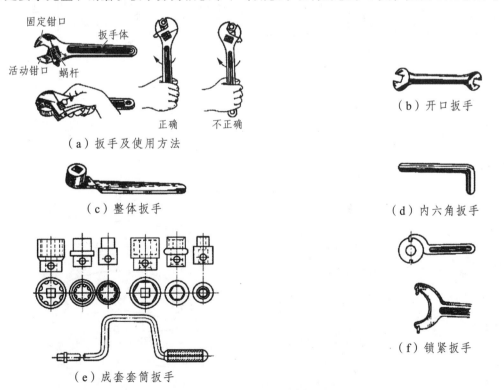

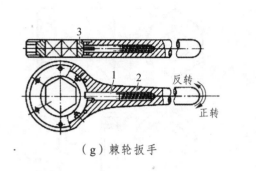

（g）棘轮扳手

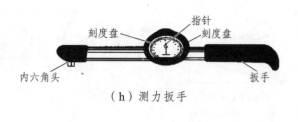

（h）测力扳手

图 3.18

2. 螺纹连接的防松方法

一般的螺纹连接都各自有自锁性能，在受静载荷和工作温度变化不大时，不会自行脱落。但在受冲击、振动和变载荷作用下，以及工作温度变化很大时，这种直接有可能自松，影响工作，甚至发生事故。为了保证螺纹连接安全可靠，必须采取有效的防松措施。

常用的防松措施有增大磨擦力和机械防松两类。其工作原理概括成一句话，即消除（或限制）螺纹副之间的相对运动，或增大相对运动的难度。

1）摩擦防松（见图 3.19）

摩擦防松有双螺母（a）、弹簧垫圈（b）、自锁螺母（c）等，双螺母结构简单，防松可靠，但尺寸大，不美观。弹簧垫圈简单，方便，但偏载，在冲击振动下不可靠。

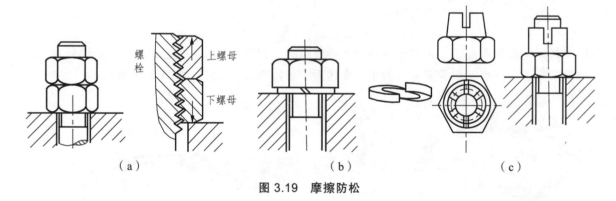

图 3.19 摩擦防松

2）机械防松（见图 3.20）

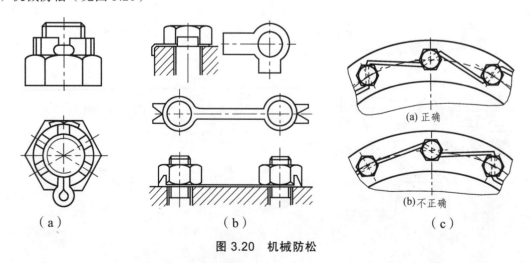

图 3.20 机械防松

机械防松有开槽螺母与开口销（a）、圆螺母与止动垫圈（b）、串联钢丝（c）等。开口销与槽形螺母工作可靠，装拆方便，用于有振动的机械上，但销易断。圆螺母与止动垫圈工作可靠，常用于滚动轴承的轴向定位。串联钢丝方法简单，防松可靠，用于高速、振动、冲击等场合，但要注意串联钢丝的方向。

此外还有永久防松，如采用端铆、冲点、点焊以破坏螺纹[见图 3.21（a）]，化学防松如黏合[见图 3.21（b）]。

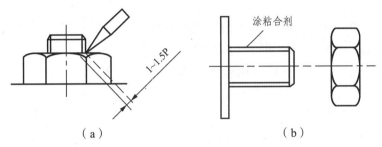

（a）　　　　　　　　　　（b）

图 3.21　永久防松

第三节　轴及联轴器

轴是组成机器中基本和重要的零件之一，齿轮、凸轮和带轮等传动构件都要装在轴上才能实现其传递运动和动力的目的。

轴的主要功能是：① 传递运动和转矩。② 支承回转零件（如齿轮、带轮）。轴一般都要有足够的强度、合理的结构和良好的工艺性。

如图 3.22 所示的主减速器和差速器。

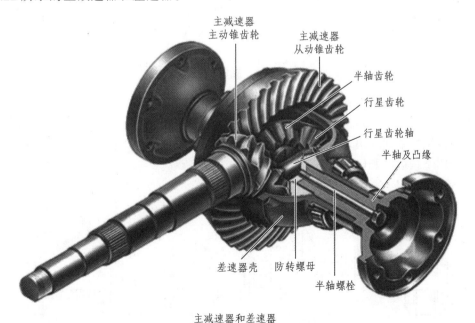

主减速器和差速器

图 3.22　主减速器和差速器

一、轴的分类和应用特点

根据承受载荷的不同，轴可分为转轴、传动轴和心轴 3 种。

（1）转轴。既支承转动零件，又传递动力（轴本身是转动的），同时承受弯曲和扭转两种作用，如图 3.23（a）所示的减速箱转轴。

（2）传动轴。只传递转矩，不受弯曲作用或弯曲作用很小，如图 3.23（b）所示汽车的传动轴，通过两个万向联轴器与发动机转轴和汽车后桥相连，传递转矩。

（3）心轴。用来支承转动零件，只受弯曲作用而不传递动力。心轴可分为固定心轴[见图 3.23（c）]和转动心轴[见图 3.23（d）]。

根据轴线的形状，轴可分为直轴、曲轴和挠性轴，也叫软轴。

（1）直轴。用于一般机械中。按外形可分为光轴[见图 3.23（d）]和阶梯轴[见 3.23（a）]，按结构可分为实心轴[见图 3.23（a）、（c）、（d）]和空心轴[见图 3.23（b）]。

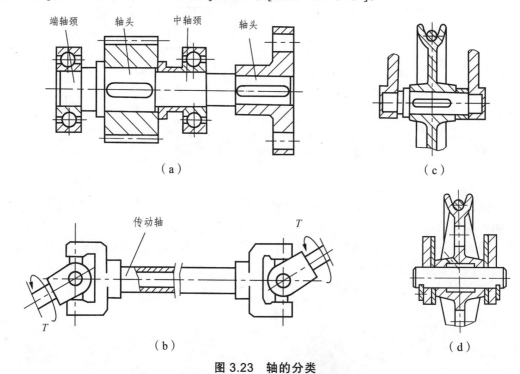

图 3.23 轴的分类

（2）曲轴。曲轴常用于往复式机械中，如发动机等，将旋转运动转换为往复直线运动或作相反的运动转换，如图 3.24（a）所示。

（3）挠性轴。挠性轴通常由几层紧贴在一起的钢丝层构成的，可以把运动和动力灵活地传到任何位置。挠性轴常用于振捣器和医疗设备中，如图 3.24（b）所示。

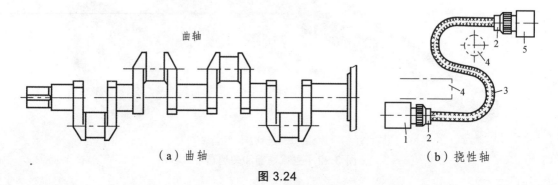

（a）曲轴　　　　　　　　　（b）挠性轴

图 3.24

例 3-1：如图 3.25 所示为起重机行车机构，试按承载情况，判定图中序号轴的类型。

解：Ⅰ 主要受转矩作用，为传动轴，Ⅱ、Ⅳ 既承受弯矩又承受转矩作用，为转轴，Ⅲ 只受弯矩作用，为心轴。

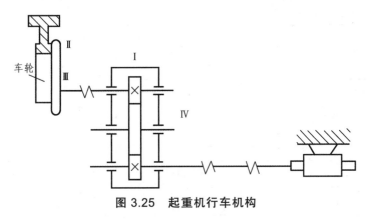

图 3.25　起重机行车机构

二、轴的常用材料

轴的材料要求有足够的强度，对应力集中敏感性低；还要能满足刚度、耐磨性、耐腐蚀性要求；并具有良好的加工性能，且价格低廉、易于获得。

在轴的设计中，首先要选择合适的材料。轴的材料常采用碳素钢和合金钢。

碳素钢有 35、45、50 等优质中碳钢。它们具有较高的综合机械性能，因此应用较多，特别是 45 钢应用最为广泛。为了改善碳素钢的机械性能，应进行正火或调质处理。不重要或受力较小的轴，可采用 Q237，Q275 等普通碳素钢。

合金钢具有较高的机械性能，但价格较贵，多用于有特殊要求的轴。例如采用滑动轴承的高速轴，常用 20Cr、20CrMnTi 等低碳合金钢，经渗碳淬火后可提高轴颈耐磨性；汽轮发电机转子轴在高温、高速和重载条件下工作，必须具有良好的高温机械性能，常采用 27Cr2Mo1V、38CrMoA1A 等合金结构钢。值得注意的是：钢材的种类和热处理对其弹性模量的影响甚小，因此如欲采用合金钢或通过热处理来提高轴的刚度，并无实效。此外，合金钢对应力集中的敏感性较高，因此设计合金钢轴时，更应从结构上避免或减小应力集中，并减小其表面粗糙度。

轴的毛坯一般用圆钢或锻件。有时也可采用铸钢或球墨铸铁。例如，用球墨铸铁制造曲轴、凸轮轴，具有成本低廉、吸振性较好，对应力集中的敏感性较低，强度较好等优点。适合制造结构形状复杂的轴。

如表 3.3 所示为轴的常用材料及其主要机械性能。

表 3.3　轴的常用材料及其主要机械性能

材料及 热处理	毛坯直径 mm	硬度 HB	强度极限 σ_b	屈服极限 σ_s	弯曲疲劳 极限 σ_{-1}	应用说明
			MPa			
Q235			440	240	200	用于不重要或载荷不大的轴
35 正火	≤100	149～187	520	270	250	塑性好和强度适中可做一般曲轴、转轴等
45 正火	≤100	170～217	600	300	275	用于较重要的轴，应用最为广泛
45 调质	≤200	217～255	650	360	300	

续表

材料及热处理	毛坯直径 mm	硬度 HB	强度极限 σ_b	屈服极限 σ_s	弯曲疲劳极限 σ_{-1}	应用说明
				MPa		
40Cr 调质	25		1 000	800	500	用于载荷较大,而无很大冲击的重要的轴
	≤100	241~286	750	550	350	
	>100~300	241~266	700	550	340	
40MnB 调质	25		1 000	800	485	性能接近于 40Cr,用于重要的轴
	≤200	241~286	750	500	335	
35CrMo 调质	≤100	207~269	750	550	390	用于受重载荷的轴
20Cr 渗碳淬火回火	15	表面 HRC56~62	850	550	375	用于要求强度、韧性及耐磨性均较高的轴
	–		650	400	280	
QT400-100	–	156~197	400	300	145	结构复杂的轴
QT600-2	–	197~269	600	200	215	结构复杂的轴

三、轴的结构

轴的结构主要决定于轴上载荷的性质、大小、方向及分布情况;轴与轴上零件、轴承和机架等相关零件的结合关系;轴的加工和装配工艺等。其结构应满足:

(1)轴的受力合理,有利于提高轴的强度和刚度。

(2)轴相对于机架和轴上零件相对于轴的定位准确,固定可靠。

(3)轴便于加工制造,轴上零件便于装拆和调整。

(4)尽量减小应力集中,并节省材料、减轻质量。

下面结合图 3.26 所示的单级齿轮减速器的高速轴,逐项讨论这些要求。

1. 制造安装要求

为了方便轴上零件的装拆,常将轴做成阶梯形。对于一般剖分式箱体中的轴,它的直径从轴端逐渐向中间增大。如图 3.26 所示,可依次将齿轮、套筒、左端滚动轴承、轴承盖和带轮从轴的左端装拆,另一滚动轴承从右端装拆。为使轴上零件易于安装,轴端及各轴段的端部应有倒角。

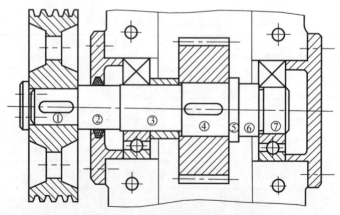

图 3.26 单级齿轮减速器变速器

轴上磨削的轴段，应有砂轮越程槽（见图 3.26 中⑥与⑦的交界处）；车制螺纹的轴段，应有退刀槽。在满足使用要求的情况下，轴的形状和尺寸应力求简单，以便于加工。

2. 零件轴向和周向定位

为了保证机械的正常工作，轴及轴上零件必须准确定位和可靠固定。轴上零件的固定形式有两种：轴向固定与周向固定。

1）轴向固定。

轴向固定的目的是为了保证零件在轴上有确定的轴向位置，防止零件作轴向移动，并能承受轴向力。

阶梯轴上截面变化处叫轴肩，利用轴肩和轴环进行轴向定位，其结构简单、可靠，并能承受较大轴向力。在图 3.26 中，①、②间的轴肩使带轮定位；轴环⑤使齿轮在轴上定位；⑥、⑦间的轴肩使右端滚动轴承定位。有些零件依靠套筒定位。在图 3.26 中左端滚动轴承采用套筒③定位。套筒定位结构简单、可靠，但不适合高转速情况。

无法采用套筒或套筒太长时，可采用圆螺母加以固定，如图 3.27（a）所示。圆螺母定位可靠，并能承受较大轴向力。在轴端部可以用圆锥面定位，如图 3.27（b）所示。圆锥面定位的轴和轮毂之间无径向间隙、装拆方便，能承受冲击，但锥面加工较为麻烦。如图 3.27（c）、（d）所示的挡圈和弹性挡圈定位结构简单、紧凑，能承受较小的轴向力，但可靠性差，可在不太重要的场合使用。如图 3.27（e）所示为轴端挡圈定位，它适用于轴端，可承受剧烈的振动和冲击载荷。在图 3.26 中，带轮的轴向固定是靠轴端挡圈。圆锥销也可以用作轴向定位，它结构简单，用于受力不大且同时需要轴向定位和固定的场合，如图 3.27（f）所示。

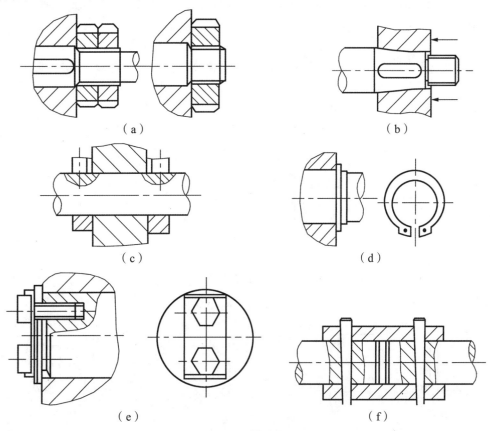

（a）　　　　　　　　　　　　　　（b）

（c）　　　　　　　　　　　　　　（d）

（e）　　　　　　　　　　　　　　（f）

图 3.27　轴向定位

2）周向固定

轴上零件周向固定的目的是使其能同轴一起转动并传递转矩。轴上零件的周向固定，大多采用键[见图 3.28（a）]、花键或过盈配合[见图 3.28（b）]等连接形式。

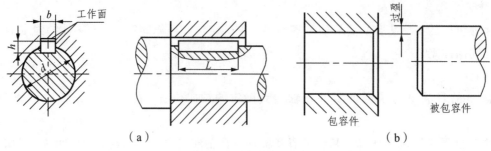

图 3.28　周向定位

3. 结构工艺性要求

在设计轴的结构时，应尽可能使轴的形状简单，并有良好的加工和装配工艺性能，设计时可以从以下几个方面考虑：

（1）阶梯轴的直径中间大两端小，便于轴上零件的装拆。

轴的形状，从满足强度和节省材料考虑，最好是等强度的抛物线回转体。但这种形状的轴既不便于加工，也不便于轴上零件的固定；从加工考虑，最好是直径不变的光轴，但光轴不利于轴上零件的装拆和定位。由于阶梯轴接近于等强度，而且便于加工及轴上零件的定位和装拆，所以实际上轴的形状多呈阶梯形，直径中间大两端小。为了能选用合适的圆钢和减少切削加工量，阶梯轴各轴段的直径不宜相差太大，一般取 5～10 mm。

（2）轴端、轴颈与轴肩（或轴环）的过渡部分要设置倒角和过渡圆弧，以便于轴上零件装配，并减小应力集中。

在零件截面发生变化处会产生应力集中现象，从而削弱材料的强度。因此，进行结构设计时，应尽量减小应力集中。特别是合金钢材料对应力集中比较敏感，应当特别注意。在阶梯轴的截面尺寸变化处应采用圆角过渡，且圆角半径不宜过小。为了保证轴上零件紧靠定位面（轴肩），轴肩的圆角半径 r 必须小于相配零件的倒角 C_1 或圆角半径 R，轴肩高 h 必须大于 C_1 或 R（见图 3.29）。

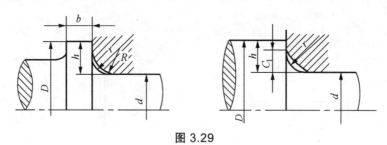

图 3.29

（3）需要磨削的阶台轴，应留有越程槽；轴上有螺纹时，应有退刀槽。轴上有多个槽时，尺寸应尽量相同，以便于加工。

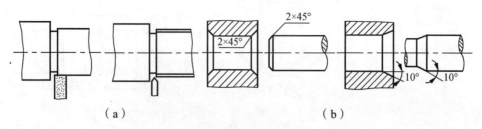

图 3.30

需要磨削的轴段，应留有砂轮越程槽[见图 3.30（a）]，以便磨削时砂轮可以磨到轴肩的端部；需切削螺纹的轴段，应留有退刀槽，以保证螺纹牙均能达到预期的高度[见图 3.30（b）]。

（4）为了便于轴的加工，必要时应设置中心孔。

（5）同一根轴上所有的圆角半径、倒角尺寸等应尽可能统一；轴上有多个键槽时，尽可能用同一规格尺寸，并安排在同一直线上。

为了便于切削加工，一根轴上的圆角应尽可能取相同的半径，退刀槽取相同的宽度，倒角尺寸相同；一根轴上各键槽应开在轴的同一母线上，若开有键槽的轴段直径相差不大时，尽可能采用相同宽度的键槽（见图 3.31），以减少换刀的次数。

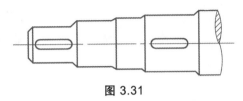

图 3.31

第四节　轴　承

轴承是用来支承轴及轴上零件、保持轴的旋转精度和减少转轴与支承之间的摩擦和磨损的零件。轴承一般分为两大类：滚动轴承[见图 3.32（a）]和滑动轴承[见图 3.32（b）]。滑动摩擦轴承被支承体（转轴或轴颈）表面与支承体接触间发生相对滑动。滚动轴承由于滚动摩擦系数小、启动阻力小，而且它已经标准化，选用、润滑、维护都很方便，因此在一般机器中应用较广。

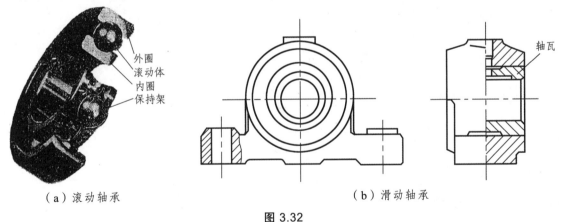

（a）滚动轴承　　　　　　　　　　（b）滑动轴承

图 3.32

按照承载方向的不同，轴承可分为 3 种形式：承受径向力的叫向心轴承；承受轴向力的叫推力轴承；同时承受径向力和轴向力的叫向心推力轴承。

一、向心滑动轴承

1. 滑动轴承的特性和应用

滑动轴承工作平稳，噪声较滚动轴承低，工作可靠。如果能保证滑动表面被润滑油分开而不发生接触时，润滑油膜具有缓冲和吸振能力，可以大大减小摩擦损失和表面磨损。但是，普通滑动轴承的启动摩擦阻力大。

在高速、高精度、重载、结构上要求剖分等场合下，滑动轴承就体现出它的优异性能。因而在汽轮机、离心式压缩机、内燃机、大型电机中多采用滑动轴承。此外，在低速而带有冲击的机器中，如水泥搅拌机、滚筒清砂机、破碎机等也采用滑动轴承。

2. 滑动轴承的类型及结构

本节只介绍向心滑动轴承。向心滑动轴承有多种结构形式，下面介绍常用的几种。

1）整体式向心滑动轴承

整体式向心滑动轴承如图 3.32（b）所示，它是由轴承座、轴瓦和紧定螺钉组成。结构简单，成本低廉，缺点是轴颈只能从它的端部装入，安装和检修不便，且轴承工作表面磨损后无法调整轴承与轴颈的间隙，间隙过大时，需更换轴瓦，通常用于低速、载荷不大及间歇工作的场合，如绞车、起重机。

2）剖分式向心滑动轴承

剖分式向心滑动轴承如图 3.33（a）所示，它是由轴承座、轴承盖、剖分式轴瓦、座盖连接螺栓组成。剖分面应与载荷方向近于垂直，多数轴承剖分面是水平的，也有斜的。轴承盖与轴承座的剖分面常做成阶梯形，以便定位和防止工作时错动。可在剖分面间放置几片很薄的调整垫片，以便安装时或磨损后调整轴承的间隙，为保证垫片调整的有效性，径向力方向最好不超过剖分面垂直线左右 35°的范围，否则建议采用斜剖分式结构，如图 3.33（b）所示。这种轴承装拆方便，间隙容易调整，因此得到广泛应用。

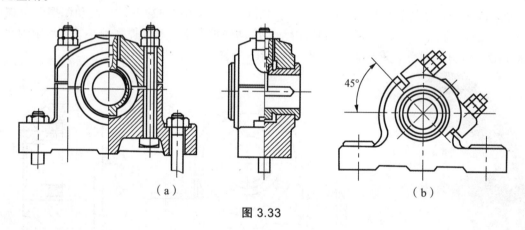

（a）　　　　　　　　　　　　　　　（b）

图 3.33

3. 滑动轴承轴瓦

轴瓦是滑动轴承的重要组成部分。对轴瓦材料的要求有：摩擦系数小；导热性好，热膨胀系数小；耐磨、耐蚀、抗胶合能力强；有足够的强度、塑性。

能同时满足上述要求的材料是难找的，但应根据具体情况满足主要要求。较常见的是做成双层金属的轴瓦，以便性能上取长补短。在工艺上可以用浇铸或压合方法，将薄层材料黏附在轴瓦基体上。黏附上去的薄层材料通常称为轴承衬[见图 3.34（b）]。

常用的轴瓦和轴承衬材料有：轴承合金（巴氏合金、白合金）、青铜、灰铸铁、非金属（塑料、橡胶）等。

常用轴瓦可分整体式[见图 3.34（a）]和剖分式[见图 3.34（b）]两种结构。整体式轴瓦一般在轴套上开有油孔和油沟。油孔用来供应润滑油，油沟的作用是使润滑油均匀分布。常见油沟的形状如图 3.34（c）所示，应开在非承载区。

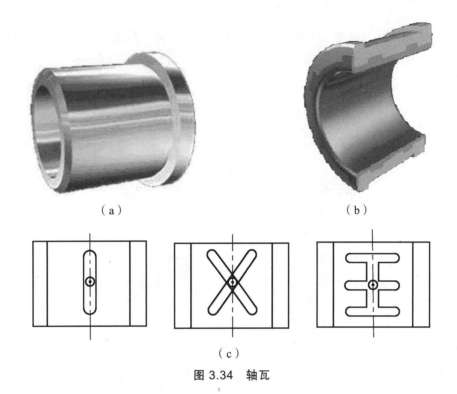

（a）　　　　　　　　　　　　　　　（b）

（c）

图 3.34　轴瓦

剖分式轴瓦由上、下两半瓦组成。若载荷方向向下，则下轴瓦为承载区，上轴瓦为非承载区。润滑油应由非承载区引入，所以在顶部开进油孔。在轴瓦内表面，以进油口为中心沿纵向、斜向或横向开有油沟，以利于润滑油均布在整个轴颈上。一般油沟离端面保持一定距离，防止润滑油从端部大量流失。

4. 滑动轴承的润滑

为了获得良好的润滑效果，需要正确选择润滑方法和相应的润滑装置。利用油泵供应压力油进行强制润滑是重要机械的主要润滑方式。此外，还有不少装置实现简易润滑。

如图 3.35 所示是用手工向轴承加油的油孔（a）和注油杯（b），是小型、低速或间歇润滑机器部件的一种常见的润滑方式。注油杯中的弹簧和钢球可防止灰尘等进入轴承。

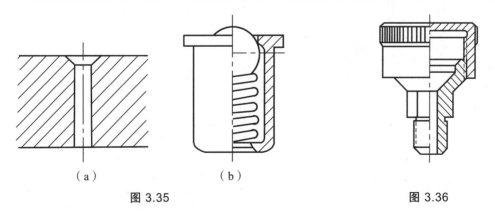

（a）　　　　　　　　（b）　　　　　　　　　　　　　　　　

图 3.35　　　　　　　　　　　　　　　　图 3.36

如图 3.36 所示是润滑脂用的油杯，定期旋转杯盖，使空腔体积减小而将润滑脂注入轴承内，它只能间歇润滑。

如图 3.37 所示是针阀式油杯。油杯接头与轴承进油孔相连。手柄平放时，阻塞针杆因弹簧的推压而堵住底部油孔。直立手柄时，针杆被提起，油孔敞开，于是润滑油自动滴到轴颈上。在针阀油杯的上端面开有小孔，供补充润滑油用，平时由片弹簧遮盖。观察孔可以查看供油状况。调节螺母用来调节针杆下端油口大小以控制供油量。

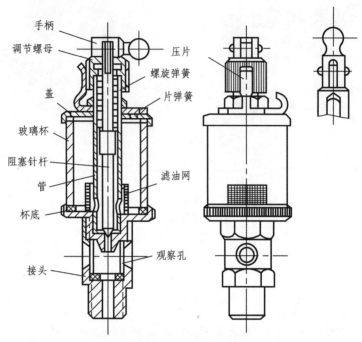

图 3.37   针阀式油杯

如图 3.38 所示为油芯式油杯。它依靠毛线或棉纱的毛细管作用，将油杯中的润滑油滴入轴承。供油是自动且连续的，但不能调节给油量，油杯中油面高时给油多，油面低时供油少，停车时仍在继续给油，直到流完为止。

如图 3.39 所示对轴承采用了飞溅润滑方式。它是利用齿轮、曲轴等转动零件，将润滑油由油池拨溅到轴承中进行润滑。采用飞溅润滑时，转动零件的圆周速度应在 5 ~ 13 m/s 范围内。它常用于减速器和内燃机曲轴箱中的轴承润滑。

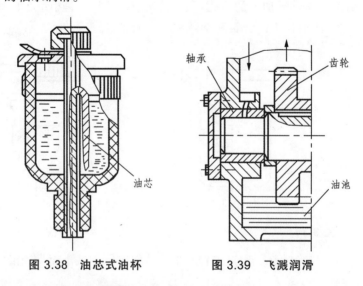

图 3.38   油芯式油杯   图 3.39   飞溅润滑

如图 3.40 所示的轴承采用的是油环润滑。在轴颈上套一油环，油环下部浸入油池中，当轴颈旋转时，摩擦力带动油环旋转，把油引入轴承。当油环浸在油池内的深度约为直径的 1/4 时，供油量已足以维持液体润滑状态的需要。此法常用于大型电机的滑动轴承中。

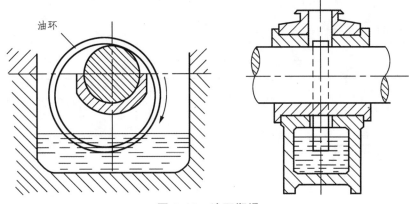

图 3.40　油环润滑

　　最完善的供油方法是利用油泵循环给油，给油量充足，供油压力只需 $5 \times 10^4 \, \text{N/m}^2$，在油的循环系统中常配置过滤器、冷却器。还可以设置油压控制开关，当管路内油压下降时可以报警，或启动辅助油泵，或指令主机停车。所以这种供油方法安全可靠，但设备费用较高，常用于高速且精密的重要机器中。

二、滚动轴承

1. 滚动轴承的特性

　　与滑动轴承相比，滚动轴承具有摩擦阻力小，启动灵敏、效率高、润滑简便和易于互换等优点，所以获得广泛应用。它的缺点是抗冲击能力较差，高速时出现噪声，工作寿命也不及液体摩擦的滑动轴承。由于滚动轴承已经标准化，并由轴承厂大批生产，所以，使用者的任务主要是熟悉标准、正确选用。

2. 滚动轴承的基本结构

　　常见的滚动轴承参见图 3.31（a）所示，由内圈、外圈、滚动体和保持架组成。通常内圈装在轴颈上并随轴颈转动，外圈装在机座或零件的轴承孔内固定不动。在内圈、外圈与滚动体接触的表面上都制有滚道，当内外圈相对旋转时，滚动体将沿滚道滚动。保持架的作用是把滚动体沿滚道均匀地隔开，使其均匀分布于座圈的圆周上，以防止相邻滚动体在运动中接触产生摩擦。

　　图 3.41 给出了不同形状的滚动体，按滚动体形状滚动轴承可分为球轴承和滚子轴承。滚子又分为长圆柱滚子、短圆柱滚子、螺旋滚子、圆锥滚子、球面滚子和滚针等。

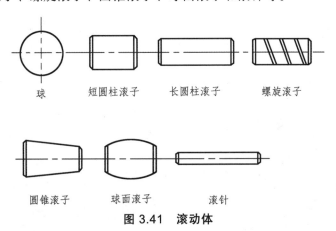

图 3.41　滚动体

3. 滚动轴承的类型

滚动轴承常用的类型和特性，见表3.4。

表3.4 滚动轴承的主要类型和特性

轴承名称、类型及代号	结构简图承载方向	尺寸系列代号	组合代号	极限转速 n_c	允许角偏差 θ	特性与应用
双列角接触球轴承（0）		32 33	32 33	中		同时能承受径向负荷和双向的轴向负荷，比角接触球轴承具有较大的承载能力，与双联角接触球轴承比较，在同样负荷作用下能使轴在轴向更紧密地固定
调心球轴承 1或（1）		（0）2 22 （0）3 23	12 22 13 23	中	2°～3°	主要承受径向负荷，可承受少量的双向轴向负荷。外圈滚道为球面，具有自动调心性能。适用于多支点轴、弯曲刚度小的轴以及难于精确对中的支承
调心滚子轴承 2		13 22 23 30 31 32 40 41	213 222 223 230 231 232 240 241	中	0.5°～2°	主要承受径向负荷，其承载能力比调心球轴承约大一倍，也能承受少量的双向轴向负荷。外圈滚道为球面，具有调心性能，适用于多支点轴、弯曲刚度小的轴及难于精确对中的支承
推力调心滚子轴承 2		92 93 94	292 293 294		2°～3°	可承受很大的轴向负荷和一定的径向负荷，滚子为鼓形，外圈滚道为球面，能自动调心。转速可比推力球轴承高。常用于水轮机轴和起重机转盘等
圆锥滚子轴承 3		02 03 13 20 22 23 29 30 31 32	302 303 313 320 322 323 329 330 331 332	中	2′	能承受较大的径向负荷和单向的轴向负荷，极限转速较低。内外圈可分离，轴承游隙可在安装时调整。通常成对使用，对称安装。适用于转速不太高，轴的刚性较好的场合
双列深沟球轴承 4		（2）2 （2）3	42 43	中		主要承受径向负荷，也能承受一定的双向轴向负荷。它比深沟球轴承具有较大的承载能力
推力球轴承 5		11 12 13 14	511 512 513 514	低	不允许	推力球轴承的套圈与滚动体可分离，单向推力球轴承只能承受单向轴向负荷，两个圈的内孔不一样大，内孔较小的与轴配合，内孔较大的与机座固定。双向推力球轴承可以承受双向轴向负荷，中间圈与轴配合，另两个圈为松圈高速时，由于离心力大，寿命较低。常用于轴向负荷大、转速不高的场合
		22 23 24	522 523 524	低	不允许	

轴承名称、类型及代号	结构简图承载方向	尺寸系列代号	组合代号	极限转速 n_c	允许角偏差 θ	特性与应用
深沟球轴承 6 或（16）		17 37 18 19 （0）0 （1）0 （0）2 （0）3 （0）4	617 637 618 619 160 60 62 63 64	高	8′～16′	主要承受径向负荷，也可同时承受少量双向轴向负荷，工作时内外圈轴线允许偏斜。摩擦阻力小，极限转速高，结构简单，价格便宜，应用最广泛。但承受冲击载荷能力较差，适用于高速场合。在高速时可代替推力球轴承
角接触球轴承 7		19 （1）0 （0）2 （0）3 （0）4	719 70 72 73 74	较高	2′～3′	能同时承受径向负荷与单向的轴向负荷，公称接触角 α 有 15°、25°、40°三种，α 越大，轴向承载能力也越大。成对使用，对称安装，极限转速较高。适用于转速较高，同时承受径向和轴向负荷场合
推力圆柱滚子轴承 8		11 12	811 812	低	不允许	能承受很大的单向轴向负荷，但不能承受径向负荷。它比推力球轴承承载能力要大，套圈也分紧圈与松圈。极限转速很低，适用于低速重载场合
圆柱滚子轴承 N		10 （0）2 22 （0）3 23 （0）4	N10 N2 N22 N3 N23 N4	较高	2～4′	只能承受径向负荷。承载能力比同尺寸的球轴承大，承受冲击载荷能力大，极限转速高。 对轴的偏斜敏感，允许偏斜较小，用于刚性较大的轴上，并要求支承座孔很好地对中
滚针轴承 NA		48 49 69	NA48 NA49 NA69	低	不允许	滚动体数量较多，一般没有保持架。径向尺寸紧凑且承载能力很大，价格低廉 不能承受轴向负荷，摩擦系数较大，不允许有偏斜。常用于径向尺寸受限制而径向负荷又较大的装置中

4. 滚动轴承的代号

滚动轴承的类型很多，而各类轴承又有不同的结构、尺寸、精度和技术要求，为便于组织生产和选用，应规定滚动轴承的代号。滚动轴承的代号表示方法如下：

内径尺寸代号——右起第一、二位数字表示内径尺寸，表示方法见表3.6。

尺寸系列代号——右起第三、四位表示尺寸系列（第四位为0时可不写出）。

为了适应不同承载能力的需要，同一内径尺寸的轴承，可使用不同大小的滚动体，因而使轴承的外径和宽度也随着改变。这种内径相同而外径或宽度不同的变化称为尺寸系列，见表3.6。

类型代号——右起第五位表示轴承类型，其代号见表3.7。

前置代号——前置代号标在基本代号左边，用字母表示，这些字母分别表示成套轴承的某个部件，如L表示可分离轴承的可分离内圈或外圈，K表示轴承的滚动体与保持架组件等。

例如，LN207，表示（0）2尺寸系列的圆柱滚子轴承的可分离外圈。

后置代号——后置代号标在基本代号右边，用字母（或加数字）表示轴承的内部结构、公差等级、游隙等8组内容，其顺序见表3.8。常见的轴承内部结构代号和公差等级分别见表3.9、3.10。

表3.5 轴承内径尺寸代号

内径尺寸	代号表示	举例	
		代号	内径
10 12 15 17	00 01 02 03	 6200	 10
20～480（5的倍数）	内径/5的商	23208	40
22、28、32及500以上	/内径	230/500 62/22	500 22

表3.6 向心轴承、推力轴承尺寸系列代号表示法

直径系列代号	向心轴承							推力轴承			
	宽度系列代号							高度系列代号			
	窄0	正常1	宽2	特宽3	特宽4	特宽5	特宽6	特低7	低9	正常1	正常2
	尺寸系列代号										
超特轻7	–	17	–	37	–	–	–	–	–	–	–
超轻8	08	18	28	38	48	58	68	–	–	–	–
超轻9	09	19	29	39	49	59	69	–	–	–	–
特轻0	00	10	20	30	40	50	60	70	90	10	–
特轻1	01	11	21	31	41	51	61	71	91	11	–
轻2	02	12	22	32	42	52	62	72	92	12	22
中3	03	13	23	33	–	–	63	73	93	13	23
重4	04	–	24	–	–	–	–	74	94	14	24

表 3.7　常用的滚动轴承类型代号

代号	轴承类型
0	双列承类型
1	调心球轴承
2	调心滚子轴承和推动调心滚子轴承
3	圆锥滚子轴承
4	双列深沟球轴承
5	推力球轴承
6	深沟球轴承
7	角接触轴承
8	推力圆柱滚子轴承
N	圆柱滚子轴承
U	外球面球轴承
QJ	四点接触球轴承

表 3.8　轴承代号排列

轴承代号									
前置代号	基本代号	后置代号							
		1	2	3	4	5	6	7	8
成套轴承分部件		内部结构	密封与防尘套圈变型	保持架及其材料	轴承材料	公差等级	游隙	配置	其他

表 3.9　轴承内部结构代号

代号	含义	示例
C	角接触球轴承公称接触角 $\alpha = 15°$ 调心滚子轴承 C 型	7005C 23122C
AC	角接触球轴承公称接触角 $\alpha = 25°$	7210AC
B	角接触球轴承公称接触角 $\alpha = 40°$ 圆锥滚子轴承接触角加大	7210B 32310B
E	加强型	N207E

表 3.10　轴承公差等级代号

代号	含义	示例
/P0	公差等级符合标准规定的 0 级（可省略不标注）	6205
/P6	公差等级符合标准规定的 6 级	6205/P6
/P6X	公差等级符合标准规定的 6X 级	6205/P6X
/P5	公差等级符合标准规定的 5 级	6205/P5
/P4	公差等级符合标准规定的 4 级	6205/P4
/P2	公差等级符合标准规定的 2 级	6205/P2

例 3-2　试说明轴承代号 61208、7315AC/P5、7206CJ/P63 的含义。

解：

① 61208——表示内径为 40 mm，轻直径系列，正常宽度结构的深沟球轴承，0 级公差，0 组游隙；

② 7315AC/P5——表示内径为 75 mm，中系列角接触球轴承，接触角为 25°，5 级公差，0 组游隙；

③ 7206CJ/P63——表示内径 30 mm 的轻窄系列角接触球轴承，$\alpha = 15°$，6 级公差等级，3 组径向游隙，J 则表示酚醛胶布实体保持架。

5. 滚动轴承类型的选择

根据滚动轴承各种类型的特点，在选用轴承时应从载荷的大小、性质和方向，转速的高低，支承刚度以及安装精度等方面考虑。选择时可参考以下几项原则：

（1）载荷。当载荷较大时应选用线接触的滚子轴承。点接触的球轴承适用于轻载或中等载荷。当有冲击载荷时，常选用螺旋滚子或普通滚子轴承。

对于纯轴向载荷，选用推力轴承。而纯径向载荷常选用向心轴承。既有径向载荷同时又承受轴向载荷的地方，若轴向载荷相对较小，选用向心角接触轴承或深沟球轴承。当轴向载荷很大时，可选用向心球轴承和推力轴承的组合结构。

（2）轴承的转速。转速较高时，宜选用点接触的球轴承，一般它有较高的极限转速。对于有更高转速要求时，常选用中空滚子，或选用超轻、特轻系列轴承，以降低滚动体离心力影响。

（3）刚性及调心性能要求。当支承刚度要求较大时，可采用成对的向心推力轴承组合结构或采用预紧轴承的方法。当支承跨距大，轴的弯曲变形大，刚度较低或两个轴承座孔中心位置有误差时，应考虑轴承内外圈轴线之间偏斜角，需要选用自动调心轴承，可选用球面球轴承或球面滚子轴承，这类轴承允许有较大的偏位角。

（4）装拆的要求。具有内、外套圈可分离的轴承，便于装拆。

此外还应注意经济性。一般单列向心球轴承价格最低，滚子轴承较球轴承高，轴承精度越高则价格越高。

6. 滚动轴承的密封和润滑

润滑和密封对滚动轴承的使用寿命有重要意义。润滑的主要目的是减小摩擦与磨损。滚动接触部位形成油膜时，还有吸收振动、降低工作温度等作用。密封的目的是防止灰尘、水分等进入轴承，并阻止润滑剂的流失。

1）滚动轴承的润滑

滚动轴承的润滑剂可以是润滑脂、润滑油或固体润滑剂。一般情况下，轴承采用润滑脂润滑，但在轴承附近已经具有润滑油源时（如变速箱内本来就有润滑齿轮的油），也可采用润滑油润滑。具体选择可按速度因数 dn 值来定。d 代表轴承内径（mm），n 代表轴承转速（r/min），dn 值间接地反映了轴颈的圆周速度，当 $dn < (1.5 \sim 2) \times 10^5$ mm·r/min 时，一般滚动轴承可采用润滑脂润滑，超过这一范围宜采用润滑油润滑。

脂润滑因润滑脂不易流失，故便于密封和维护，且一次充填润滑脂可运转较长时间。油润滑的优点是比脂润滑摩擦阻力小，并能散热，主要用于高速或工作温度较高的轴承。

润滑油的黏度可按轴承的速度因数 dn 和工作温度 t 来确定。油量不宜过多，如果采用浸油润滑则油面高度不超过最低滚动体的中心，以免产生过大的搅油损耗和热量。高速轴承通常采用滴油或喷雾方法润滑。

2）滚动轴承的密封

滚动轴承密封方法的选择与润滑的种类、工作环境、温度、密封表面的圆周速度有关。密封方法可分两大类：接触式密封和非接触式密封。它们的密封形式、适用范围和性能可查阅表 3.11。

表 3.11 滚动轴承的密封方法

密封方法	图 例	说 明
接触式密封	毛毡圈密封	在轴承盖上开出梯形槽，将矩形剖面的毛毡圈，放置在梯形槽中与轴接触，对轴产生一定的压力进行密封。这种密封结构简单，但摩擦较严重，主要用于 $v<4\sim5$ m/s 脂润滑场合
	密封圈密封 a) b)	在轴承盖中放置密封圈，密封圈用皮革、耐油橡胶等材料制成，有的带金属骨架，有的没有骨架。密封圈与轴紧密接触而起密封作用。图（a）密封唇朝里，目的是防漏油；图（b）密封唇朝外，目的是防灰尘、杂质进入
非接触式密封	间隙密封	在轴与轴承盖的通孔壁间留 $0.1\sim0.3$ mm 的极窄缝隙，并在轴承盖上车出沟槽，在槽内填满油脂，以起密封作用。这种形式结构简单，多用于 $v<5\sim6$ m/s 的场合
	迷宫式密封 a) b)	将旋转的和固定的密封零件间的间隙制成迷宫（曲路）形式，缝隙间填入润滑脂以加强润滑效果。这种方法对脂润滑和油润滑都很有效，尤其适用于环境较脏的场合。图（a）为径向曲路，径向间隙δ不大于 $0.1\sim0.2$ mm；图（b）为轴向曲路，因考虑到轴受热后会伸长，间隙应取大些，$\delta=1.5\sim2$ mm
组合密封	毛毡加迷宫密封	把毛毡和迷宫组合一起密封，可充分发挥各自优点，提高密封效果，多用于密封要求较高的场合

第五节　联轴器、离合器、制动器

在机械设备中，有时不能用一根轴将运动和转矩从原动机一直传递给工作机构，而是将几根轴设法连接成一体进行传递。这就需要一种机械零件（见图 3.42 中的零件 2、4）连接两轴，以传递运动和动力。

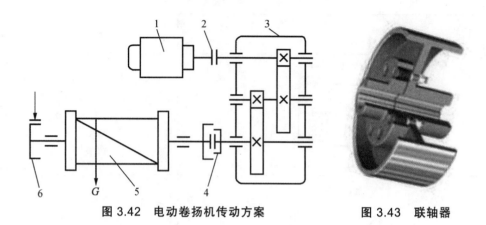

图 3.42　电动卷扬机传动方案　　　　　图 3.43　联轴器

联轴器（见图 3.43）和离合器是各种机械传动中常用部件，都是用来连接两轴，使两轴一起转动并传递转矩的装置。联轴器用于将两轴连接在一起，机器运转时两轴不能分离，只有在机器停车时才可将两轴分离；离合器则是在机器运转过程中，可使两轴随时接合或分离的一种装置。它可用来操纵机器传动的断续，以便进行变速或换向。而制动器（见图 3.42 中零件 5）是实现对轴的制动，迫使机器停止运转或降低转速的装置。

以上部件大多已标标准化或系列化。本节仅介绍有代表性的几种类型。

一、联轴器

常用联轴器可分为刚性联轴器、挠性联轴器和安全联轴器。刚性联轴器无位移补偿能力、无缓冲减振性能。载荷平稳、转速稳定，能保证被连两轴轴线相对偏移极小的情况下，才可选用，先进工业国家已淘汰不用。挠性联轴器具有一定的补偿两轴相对偏移的能力，凡被连两轴的同轴度不易保证的场合，都应选用挠性联轴器。

（一）刚性联轴器

1. 凸缘联轴器

凸缘联轴器是应用最广泛的一种刚性固定式联轴器。如图 3.44 所示，凸缘联轴器由两个带凸缘的半联轴器分别和两轴连在一起，再用螺栓把两半联轴器连成一体而成。

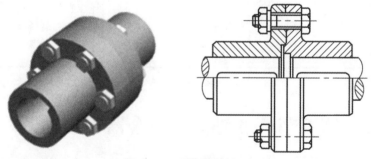

图 3.44　凸缘联轴器

这种联轴器构造简单，成本低，可传递较大转矩，但安装精度要求高，无缓冲补偿能力，常用于对中精度较高，载荷平稳的两轴连接。

2. 套筒联轴器

套筒联轴器是用连接零件，如键[见图 3.45（a）]或销[见图 3.45（b）]，将两轴轴端的套筒和两轴连接起来以传递转矩。

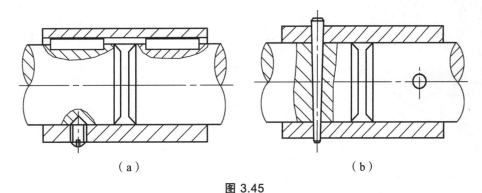

（a）   （b）

图 3.45

这种联轴器结构简单，径向尺寸较小，适用于两轴直径较小，同心度较高，工作平稳的场合，在机床上应用广泛，但其缺点是装拆时，需一轴作轴向移动。

3. 夹壳联轴器

夹壳联轴器将套筒做成剖分夹壳结构，通过拧紧螺栓产生的预紧力使两夹壳与轴连接，并依靠键以及夹壳与轴表面之间的摩擦力来传递扭矩。有一个剖分式对中环。

这种联轴器无需沿轴向移动即可方便装拆，但不能连接直径不同的两轴，外形复杂且不易平衡，高速旋转时会产生离心力。用于低速传动轴，常用于垂直传动轴的连接。如图 3.46 所示。

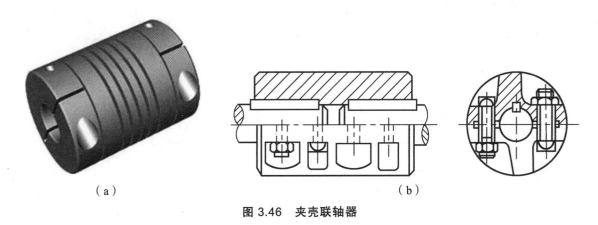

（a）   （b）

图 3.46　夹壳联轴器

（二）挠性联轴器

挠性联轴器可分为无弹性元件联轴器和有弹性元件联轴器。

1. 无弹性元件联轴器

1）齿式联轴器

齿式联轴器是由两个有内齿的外壳和两个有外齿的套筒所组成。套筒与轴用键相连，两个外壳用螺栓 2 连成一体，外壳与套筒之间设有密封圈 1，内齿轮齿数和外齿轮齿数相等，工作时靠啮合的轮齿传递转矩。由于轮齿间留有较大的间隙和外齿轮的齿顶制成球形，所以能补偿两轴的不对中和偏斜。为了减小轮齿的磨损和相对移动时的摩擦阻力，在外壳内储有润滑油。如图 3.47 所示。

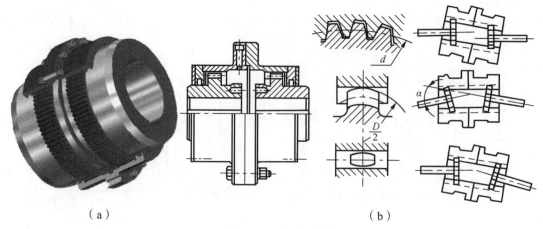

（a） （b）

图 3.47 齿式联轴器

齿式联轴器是无弹性元件的挠性联轴器，具有较好的补偿两轴相对偏移的能力、承载能力大；但不具备缓冲减震性能、齿轮啮合处需润滑、结构复杂、造价高。适用于低速的重型机械中。

2）滑块联轴器

滑块联轴器由两个端面开有径向凹槽的半联轴器和一个两端各具有凸榫的中间滑块组成，两端榫头互相垂直，嵌入凹槽中，构成移动副。如图 3.48 所示。

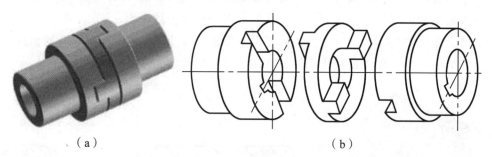

（a） （b）

图 3.48 滑块联轴器

十字滑块联轴器当两轴存在不对中和偏斜时，滑块将在凹槽内滑动。结构简单、制造容易，但滑块因偏心产生离心力和磨损，并给轴和轴承带来附加动载荷，因此它只适用于刚性大、转速低、冲击小的场合。

3）万向联轴器

如图 3.49 所示，万向联轴器由两个具有叉状端部的万向接头零件 1、2 和一个十字轴 3 组成。用于传递两轴相交成某一角度的传动，两轴的角度偏移可达 35°～45°。当两轴间有一定角偏移时，主、从动轴的瞬时角速度不相等，常采用双万向联轴器。结构紧凑，维护方便。广泛应用于汽车、机床等机械传动系统中。

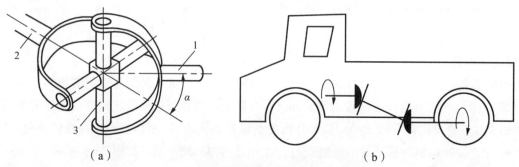

（a） （b）

图 3.49 万向联轴器

2. 有弹性元件的挠性联轴器

1）弹性套柱销联轴器

如图 3.50 所示，弹性套柱销联轴器在结构上和弹性套柱销联轴器相似。但是两个半联轴器的连接不用螺栓，而是用带橡胶弹性套的柱销，并靠其弹性变形补偿径向位移和角位移，安装时留间隙以补偿轴向位移。

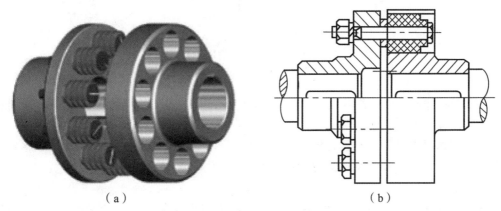

（a）　　　　　　　　　　　　　　（b）

图 3.50　弹性套柱销联轴器

弹性套柱销连轴器制造容易，装拆方便，成本较低，但弹性套易磨损，寿命较短。适用于载荷平稳，正反转或启动频繁、转速高的中小功率的两轴连接。如电动机的输出与工作机械的连接。

2）弹性柱销联轴器

如图 3.51 所示，弹性柱销联轴器是利用若干非金属材料制成的柱销置于两个半联轴器凸缘的孔中，以实现两轴的连接。

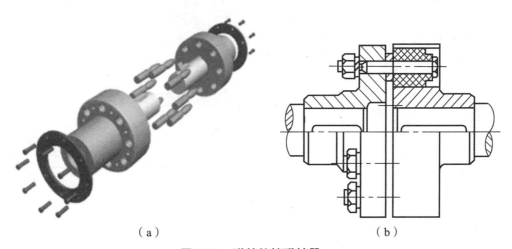

（a）　　　　　　　　　　　　　　（b）

图 3.51　弹性柱销联轴器

这种联轴器比弹性套柱销联轴器结构简单，制造容易，维修方便。弹性柱销用尼龙材料制成，有一定弹性而且耐磨性更好。它适用于轴向窜动量较大，正、反转启动频繁的传动，但因尼龙对温度敏感，所以要限制使用温度。

上述两种联轴器，能缓和冲击、吸收振动，且能补偿较大的轴向位移。依靠弹性柱销的变形，允许有微量的径向位移和角位移。适用于正反向变化多、启动频繁的高速轴。

3）梅花形弹性联轴器

梅花形弹性联轴器是利用梅花形弹性元件置于两半联轴器凸爪之间以实现两半联轴器连接的联轴器。如图 3.52 所示。

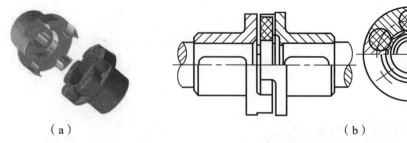

（a）　　　　　　　　　　　　　　　（b）

图 3.52　梅花形弹性联轴器

4）轮胎联轴器

轮胎联轴器是由橡胶或橡胶织物制成轮胎形的弹性元件，通过压板与螺栓和两半联轴器相连，两半联轴器与两轴相连。如图 3.53 所示。

这种联轴器结构简单可靠，因具有橡胶轮胎弹性元件，能缓冲吸振，允许的相对位移较大。适用于潮湿多尘，冲击大，启动频繁及经常正反转的场合 。

5）膜片联轴器

膜片联轴器的弹性元件为多个环形金属薄片叠合而成的膜片组，膜片圆周上有若干个螺栓孔，用铰制孔螺栓交错间隔与半联轴器连接。如图 3.54 所示。

这种联轴器结构简单、弹性元件的连接之间没有间隙，不需要润滑，维护方便、质量小、对环境的适应性强，但扭转减振性能差，主要用于载荷平稳的高速传动。如直升机尾翼轴。

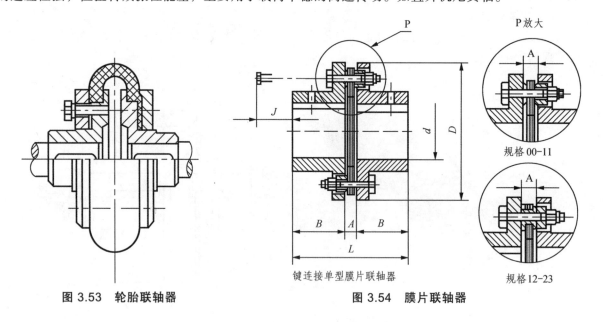

键连接单型膜片联轴器

图 3.53　轮胎联轴器　　　　　　图 3.54　膜片联轴器

二、离合器

离合器按其工作原理可分为：牙嵌式离合器、摩擦式离合器。

（一）牙嵌式离合器

如图 3.55 所示，牙嵌式离合器由端面带牙的两个半离合器组成，通过端面上的凸牙传递转矩。半离合器 1 用平键与主动轴连接，半离合器 2 装在从动轴上，操纵移动滑环 4 可使它沿导向平键 3 移动，以实现离合器的接合与分离。

离合器的牙型有三角形、矩形、梯形、锯齿形等。牙嵌离合器结构简单，外廓尺寸小，能传递较大的转矩，故应用较多。但牙嵌离合器只宜在两轴不回转或转速差很小时进行接合，否则牙齿可能会因受撞击而折断。

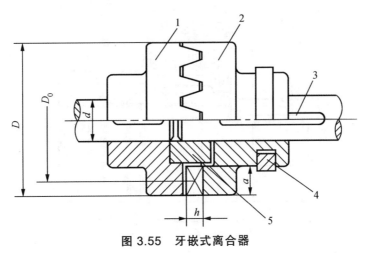

图 3.55 牙嵌式离合器

（二）摩擦离合器

摩擦离合器是靠工作面上的摩擦力矩来传递力矩的。在接合过程中由于接合面的压力是逐渐增加的，故能在主、从动轴有较大的转速差的情况下平稳地进行接合，冲击和振动较小。过载时，摩擦面间将发生打滑，从而避免其他零件的损坏。

按其结构形式，可将磨擦离合器分为圆盘式、圆锥式等。圆盘式磨擦离合器又可分为单盘式和多盘式两种。

1. 单盘摩擦离合器

如图 3.56 所示，单盘摩擦离合器的主动摩擦盘 1 与主动轴之间通过平键和轴肩作周向和轴向定位，并紧配，从动磨擦盘 2 可沿导向平键在从动轴上移动。移动滑环 3 可使两盘接合或分离。工作时，向左施加轴向压力使两圆盘的接合面产生足够的摩擦力以传递转矩。

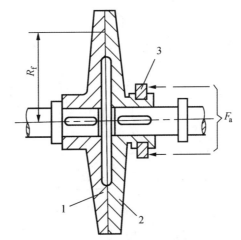

图 3.56 单盘摩擦离合器

单圆盘摩擦离合器结构简单，散热性好，但传递的转矩不大。

2. 多圆盘摩擦离合器

如图 3.57 所示为多圆盘摩擦离合器。较多的摩擦接合面能传递较大的转矩，接合和分离过程较平稳，但结构复杂，轴向尺寸较大，成本较高。广泛用于机床、汽车及摩托车等机械中。

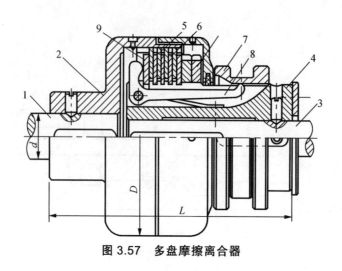

图 3.57 多盘摩擦离合器

三、制动器

制动器是用来降低机械运转速度或迫使机械停止运转的装置。在车辆、起重机等机械中，广泛采用各种型式的制动器。按制动零件的结构特征可分为：块式、带式、盘式制动器等。

1. 外抱块式制动器

如图 3.58 所示为外抱块式制动器，它借助制动块与制动轮间的摩擦力来制动。通电时，电磁线圈 1 吸住衔铁 2，再通过杠杆机构的作用使制动块 5 松开，机械便能自由运转。断开电路，电磁线圈释放衔铁 2，在弹簧 4 的作用下，通过杠杆使制动块 5 抱紧制动轮 6 实现制动。外抱块式制动器多用于大型绞车、起重机等设备中。

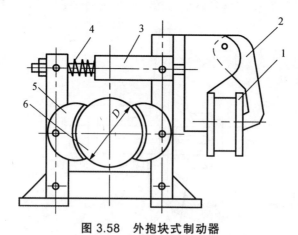

图 3.58 外抱块式制动器

2. 内张蹄式制动器

如图 3.59 所示的内张蹄式制动器利用内置的制动蹄在径向向外挤压制动轮，产生制动转矩来制动。制动器工作时，推动器 4（液压缸或气缸）克服拉簧 5 的作用使左右制动蹄 1 分别与制动轮 3 相互压紧，产生制动作用。推动器卸压后，拉簧 5 使两制动蹄与制动轮分离松闸。

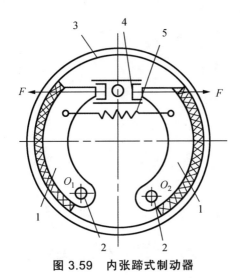

图 3.59 内张蹄式制动器

内张蹄式制动器结构紧凑，散热性好，密封容易，应用于轮式起重机，各种车辆等结构尺寸受限的场合。

3. 带式制动器

带式制动器利用制动带与制动轮之间的摩擦力实现制动。如图 3.60 所示，当施加外力于制动杠杆上时，闸带收紧且抱住制动轮，靠带与轮间的摩擦力达到制动目的，这种制动器结构简单、紧凑，制动力矩大。但制动轮轴受较大的弯曲作用力，制动带的压强和磨损不均匀，且受摩擦系数变化的影响大，散热差。多用于中小型起重、运输机械和人工操纵的场合。

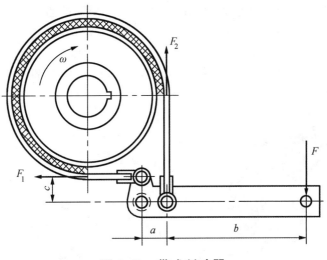

图 3.60 带式制动器

第四章

常用机构

第一节 概 述

一、机械的基本概念

1. 机 器

人类通过长期的生产实践，创造和发展了机器。在现代化生产和生活中，人们广泛地应用各种各样的机器，如汽车、洗衣机、各种机床、内燃机[见图 4.1（a）]、机器人[见图 4.1（b）]等。机器的种类如此繁多，而且在结构、性能和用途也各不相同，但是机器都具有以下 3 个共同的特征：

（1）任何机器都是人工的物体（构件）组合而成的。例如，图 4.1（a）所示的内燃机是由气缸、活塞等构件组成的。

（2）各构件之间具有确定的相对运动。例如，图 4.1（a）所示的活塞相对于气缸的往复直线运动。

（3）能实现能量转换、代替或减轻人的劳动，完成有用的机械功。例如，发电机可以把机械能转换成电能、运输机可以改变物体的空间位置。

因此，我们可以说：机器就是人工的物体（构件）的组合，它的各部分之间具有确定的相对运动，并能代替或减轻人类的体力劳动，完成有用的机械功或实现能量转换。

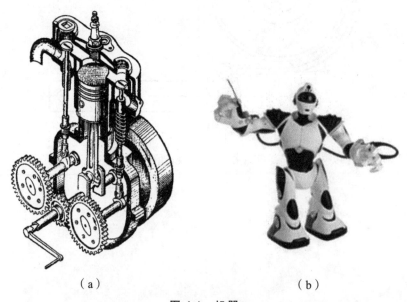

（a）   （b）

图 4.1 机器

机器中的构件，就是指相互之间能作相对运动的物体。如图 4.1（a）所示的内燃机气缸、活塞、连杆、曲轴等就是构件。而组成构件的相互之间没有相对运动的物体叫零件。连杆是一个构件，它是螺栓、螺母、连杆盖、连杆体等零件组成的。因此，构件是运动的单元，零件是制造的单元。

2. 机　构

机器人的结构十分复杂，它的操纵控制系统也非常先进，但是机器人肢体动作的传动还是要由各种各样的基本机构来完成。机构与机器有所不同，机构只有机器的前两个特征，而没有机器的第三个特征。机构是具有确定的相对运动的构件的组合。

机器与机构的区别：机器的主要功用是利用机械能做功或实现能量转换；机构的主要功用在于传递运动、力或转变运动形式；通常机器包含一个或一个以上的机构。

例如，图 4.1（a）所示的内燃机中的曲柄连杆机构，就是把气缸内活塞的往复直线运动转变为曲柄的连续转动。而整个内燃机则是机器，因为它能够把燃料的化学能转换为机械能。

由上述可知，机器一般由机构组成，机构由构件组成，构件又由零件组成。一般常以机械作为机构与机器的统称。

二、机器的组成

一般机器基本上是由原动部分、传动部分、工作部分组成的。原动部分是机器动力来源，常用的有电动机、内燃机等；工作部分是完成机器预定动作，处于整个传动的终端，其结构形式取决于机器工作本身的用途。例如，金属切削机床的主轴、拖板，缝纫机的机头等；传动部分是把原动部分的运动、动力传递给工作部分的中间部分。例如，连杆机构、齿轮传动等。

在自动化机器中还可以有第四部分：自动控制部分。

三、运动副

在机构中，每一个构件都以一定的方式与其他构件相互连接。这种连接不同于铆接和焊接之类的连接，它能使相互连接的两构件间存在一定的相对运动。这种使两构件直接接触而又能产生一定相对运动的连接，称为运动副。

在工程上，人们把运动副按其运动范围分为空间运动副和平面运动副两大类。在一般机器中，经常遇到的是平面运动副。平面运动副根据组成运动副的两构件的接触形式不同，可划分为低副和高副。

1. 低　副

低副是指两构件之间作面接触的运动副。按两构件的相对运动情况，可以分为：

转动副——两构件在接触处只允许作相对转动，如图 4.2（a）所示。

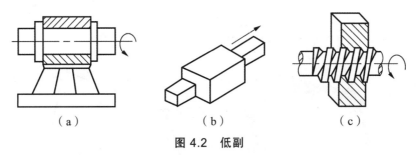

（a）　　　　　　　（b）　　　　　　　（c）

图 4.2　低副

移动副——两构件在接触处只允许作相对移动，如图 4.2（b）所示。

螺旋副——两构件在接触处只允许作一定关系的转动和移动的复合运动，如图 4.2（c）所示。

2. 高 副

高副是指两构件之间作线或点接触的运动副。常见的几种高副接触形式如图4.3所示。

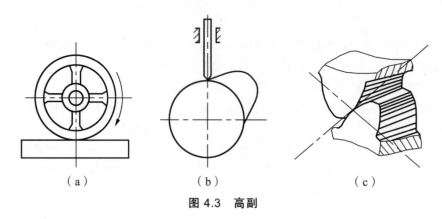

（a）　　　　　　　（b）　　　　　　　（c）

图 4.3　高副

低副和高副由于接触部分的几何特点不同，因此在使用上也具有不同的特点。低副的接触表面一般是平面和圆柱面，比较容易制造和维修，承受载荷时的单位面积压力较小，但低副是滑动摩擦，摩擦大而效率较低。高副由于是线或点的接触，在承受载荷时的单位面积压力较大，构件接触处容易磨损，制造和维修困难，但高副能传递较复杂的运动。

第二节　平面连杆机构

按机构的运动空间可以分为两大类：平面机构——所有构件都在同一平面或平行平面内运动，如搅面机、内燃机等；空间机构——各构件不在同一平面或平行平面内运动，如通用机械手等。

平面连杆机构是由若干个刚性构件通过低副（转动副和移动副）组成的平面机构，所以又称平面低副机构。平面连杆机构能实现较为复杂的平面运动，在生产中应用很广泛。平面连杆机构的构件形状较多，但大多是杆状，故习惯上称其构件为杆，常用的平面连杆机构为平面四杆机构。

一、铰链四杆机构的组成

平面四杆机构的基本形式为铰链四杆机构。在铰链四杆机构中，各杆均以转动副相连。

如图4.4（a）所示的是铰链四杆机构。在该机构中，固定不动的杆4称为机架；与机架用转动副相连接的杆1和杆3称为连架杆；不与机架直接连接的杆（通常作平面运动）称为连杆。如果杆1或杆3能绕其回转中心 *A* 或 *D* 作整周转动，则称为曲柄。若仅能在小于360°的某一角度内摆动，则称为摇杆。如图4.4（b）所示的是铰链四杆机构的简图。

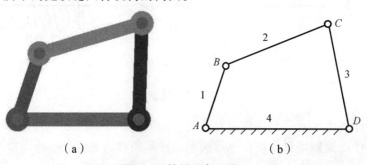

（a）　　　　　　　（b）

图 4.4　铰链四杆机构

二、铰链四杆机构的基本形式及其应用

对于铰链四杆机构来说，机架和连杆总是存在的，因此可按曲柄的存在情况，分为 3 种基本形式：曲柄摇杆机构、双曲柄机构的双摇杆机构。

1. 曲柄摇杆机构

在铰链四杆机构中的两连架杆，如果一个杆为曲柄，另一个杆为摇杆，那么该机构就称为曲柄摇杆机构。如图 4.5 所示，曲柄 AB 为主动件，并作等速转动。当曲柄 AB 连续作等速整周转动时，从动摇杆 CD 将在一定角度内作变速往复摆动。由此可见，曲柄摇杆机构能将主动件的整周回转运动转变为从动件的往复摆动。

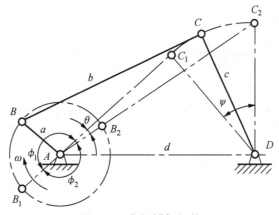

图 4.5　曲柄摇杆机构

曲柄摇杆机构在生产中应用很广泛，图 4.6 所示为一些应用实例简图。图 4.6（a）所示为飞机起落架，图 4.6（b）所示为雷达俯仰角调整机构。

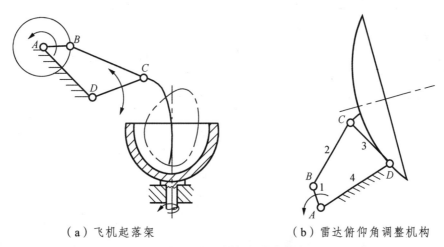

（a）飞机起落架　　　　　　（b）雷达俯仰角调整机构

图 4.6　曲柄摇杆机构实例

2. 双曲柄机构

在铰链四杆机构中，若两个连架杆都是曲柄时，该机构称为双曲柄机构。在双曲柄机构中，两曲柄可分别为主动件，如图 4.7 所示。如图 4.8 所示的惯性筛传动机构就是一个双曲柄机构 $ABCD$ 添加了一个连杆 CE 和滑块 E 所组成的。当主动曲柄 AB 转动时通过连杆 BC、从动曲柄 CD 和连杆 CE，带动滑块 E（筛）作水平往复移动。

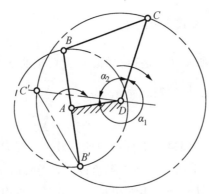

图 4.7 双曲柄机构

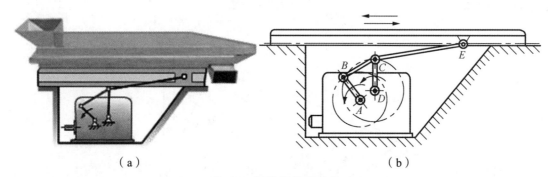

（a）   （b）

图 4.8 惯性筛传动机构

当两曲柄的长度相等而且平行时（即其他两杆的长度也相等），称为平行双曲柄机构。这时 4 根杆组成了平行四边形，如图 4.9（a）所示。平行双曲柄机构的两曲柄的旋转方向相同，角速度也相等。如图 4.10 所示的天平机构就是一个正平行四边形机构的应用，主动曲柄、从动曲柄作同速同向转动，连杆则作平移运动，使两天平盘始终保持水平位置。

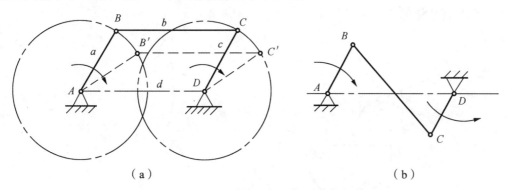

（a）   （b）

图 4.9 平行双曲柄机构

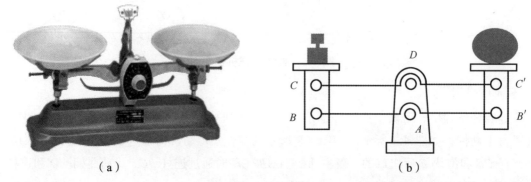

（a）   （b）

图 4.10 天平机构

平行双曲柄机构在运动过程中，主动曲柄 *AB* 转动一周，从动曲柄 *CD* 将会出现两次与连杆 *BC* 共线位置，这样会造成从动曲柄 *CD* 运动的不确定现象（即 *CD* 可能顺时针转，也可能逆时针转而变成反向双曲柄机构[见图 4.9（b）]。为避免这一现象的发生，可用增设辅助机构或将若干组相同机构错列等方法解决。如图 4.11 所示为机车主动轮联动装置，其中增设了一个曲柄 *EF* 做辅助构件，以防止平行双曲柄机构 *ABCD* 变为反向双曲柄机构。

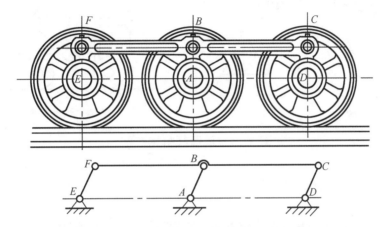

图 4.11　机车主动轮联动装置

双曲柄机构如果对边杆长度都相等，但互不平行，则称为反向双曲柄机构，如图 4.9（b）所示。如图 4.12 所示为车门启闭机构。这是应用反向双曲柄机构的一个实例，当主动曲柄 *AB* 转动时，通过连杆 *BC* 使从动曲柄 *CD* 朝反向转动，从而保证两扇车门能同时开启和关闭到预定的各自工作位置。

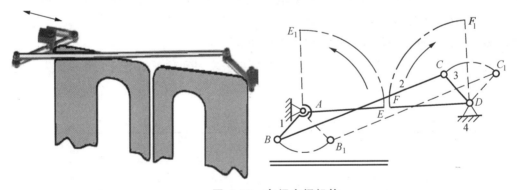

图 4.12　车门启闭机构

3. 双摇杆机构

在铰链四杆机构中，若两个连架杆都是摇杆时，该机构称为双摇杆机构，如图 4.13 所示。

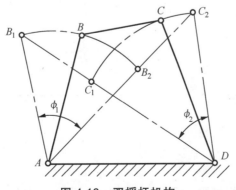

图 4.13　双摇杆机构

如图 4.14（a）所示是港口用起重吊车，吊钩的移动轨迹近似水平线；如图 4.14（b）所示是自卸载货汽车的翻斗机构。

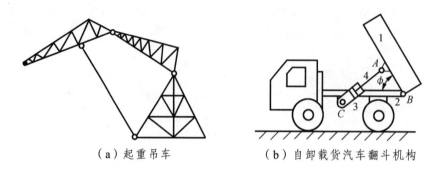

（a）起重吊车　　　　　　（b）自卸载货汽车翻斗机构

图 4.14　双遥杆机构实例

三、铰链四杆机构曲柄存在的条件

从上述铰链四杆机构的 3 种基本形式中可知，它们的根本区别就在于连架杆是否为曲柄。而连架杆能否成为曲柄，则取决于机构中各杆件的相对长度和最短杆件所处的位置。

在四杆机构中，当最短杆与最长杆长度之和小于或等于其余两杆长度之和时，一般可以有以下 3 种情况：

（1）取与最短杆相邻的任一杆为静件，并取最短杆为曲柄，则此机构为曲柄摇杆机构。

（2）取最短杆为静件时，此机构为双曲柄机构。

（3）取最短杆对面的杆为静件时，此机构为双摇杆机构。

当四杆机构中最短杆与最长杆长度之和大于其余两杆长度之和时，则不论取哪一杆为静件，都只能构成双摇杆机构。如表 4.1 所示为曲柄存在的条件。

表 4.1　曲柄存在的条件

$a+d \leqslant b+c$			$a+d > b+c$
双曲柄机构	曲柄摇杆机构	双摇杆机构	双摇杆机构
最短杆固定	与最短杆相邻的杆固定	与最短杆相对的杆固定	任一杆固定

四、曲柄摇杆机构的一些性质

1. 急回运动特性和行程速比系数

如图 4.15 所示为一曲柄摇杆机构，设曲柄 *AB* 为原动件，在其转动一周的过程中，有两次与连杆共线。这时摇杆 CD 分别位于两极限位置 C_1D 和 C_2D。曲柄摇杆机构所处的这两个位置，称为极位。曲杆与连杆两次共线位置之间所夹的锐角 ϕ 称为极位夹角。

摇杆 CD 的返回速度较快，我们称它具有"急回运动"特性。

曲柄摇杆机构摇杆的急回运动特性有利于提高某些机械的工作效率。机械在工作中往往具有工作行程和空回程两个过程，为了提高效率，可以利用急回运动特性来缩短机械空回行程的时间，例如牛头刨床、插床或惯性筛等。

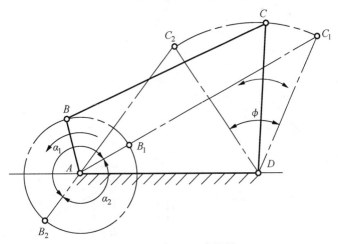

图 4.15　急回运动特性

2. 死　点

在曲柄摇杆机构中，如图 4.16 所示，设摇杆 CD 为主动件，曲柄 AB 为从动件，则在图中虚线所示机构的两个极限位置之一时，由于连杆 BC 与从动曲柄 AB 共线，这时主动件 CD 通过连杆作用于从动件 AB 上的力恰好通过其回转中心，此力对 A 点不产生力矩。所以将不能使构件 AB 转动而出现"顶死"现象。机构的此种位置称为死点。而由上述可见，四杆机构中是否存在死点位置，决定于从动件是否与连杆共线。

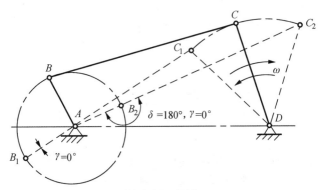

图 4.16　死点

为了使机构能够顺利地通过死点，继续正常运转，可以采用机构错位排列的办法，即将两组以上的机构组合起来，而使各组机构的死点相互错开，如图 4.17 所示的机车车轮联动机构，就是由两组曲柄滑块机构 EFG 与 $E'F'G'$ 组成的，而两者的曲柄位置相互错开 $90°$；也常采用加大惯性的办法，借惯性作用使机构闯过死点。

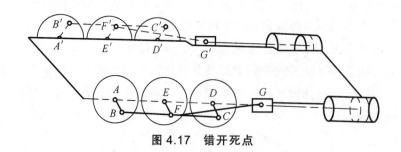

图 4.17 错开死点

"死点"位置是有害的，应当设法消除其影响。但是，在某些场合却利用"死点"来实现工作要求。

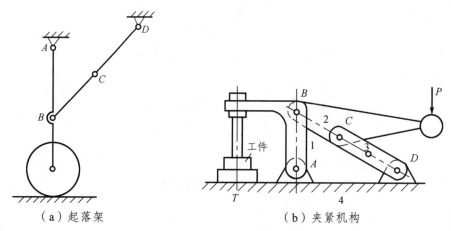

（a）起落架　　　　　（b）夹紧机构

图 4.18 利用死点

如图 4.18（a）所示的飞机起落架机构，在机轮放下时，杆 BC 与杆 CD 成一直线，此时虽然机轮上可能受到很大的力，但由于机构处于死点，经杆 BC 传给杆 CD 的力通过其回转中心，所以起落架不会反转（折回），这样可使降落更加可靠。

如图 4.18（b）所示的钻床工件夹紧机构，也是利用机构的死点进行工作的，当夹具通过手柄 2 施加外力 **P** 使铰链的中心 B、C、D 处于同一条直线上时，工件被夹紧，此时如将外力 **P** 去掉，也仍能可靠地夹紧工件，当需要松开工件时，则必须向上扳动手柄 2。

第三节　凸轮机构

凸轮机构广泛应用于各种自动机械、仪器和操纵控制装置。凸轮机构之所以得到广泛的应用，主要是由于凸轮机构可以实现各种复杂的运动要求，而且结构简单紧凑。

一、凸轮机构的应用实例

如图 4.19（a）所示为内燃机配气机构，当凸轮 1 转动时，依靠凸轮的轮廓，可以迫使从动件气阀 3 向下移动打开气门（借助弹簧的作用力关闭），这样就可以按预定时间，打开或关闭气门，完成内燃机的配气动作。

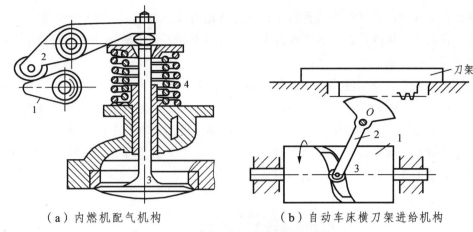

（a）内燃机配气机构　　　　　　　　（b）自动车床横刀架进给机构

图 4.19　凸轮机构应用实例

如图 4.19（b）所示为自动车床横刀架进给机构。当凸轮 1 转动时，依靠凸轮的轮廓可使从动杆 2 作往复摆动。从动杆上装有扇形齿轮，通过它可带动横刀架完成进刀和退刀的动作。

由以上两例可知，凸轮机构是由凸轮 1、从动件和机架 3 个基本构件组成的高副机构。凸轮是一个具有曲线轮廓或凹槽的构件，一般为主动件，作等速回转运动或往复直线运动。与凸轮轮廓接触，并传递动力和实现预定的运动规律的构件，一般作往复直线运动或摆动，称为从动杆。凸轮机构的功能是将凸轮的连续转动或移动转换为从动件的连续或不连续的移动或摆动。

二、凸轮机构的特点

（1）只要适当地设计凸轮的曲线形状，就可使从动件得到各种较复杂的预期的运动规律。凸轮机构结构简单、紧凑，可用在对从动件运动规律要求严格的场合。

（2）凸轮机构可以高速启动，动作准确、可靠。

（3）由于数控机床及电子计算机的广泛采用，凸轮的轮廓曲线加工比较方便。

（4）凸轮机构在高副处接触，难以保持良好的润滑，故易于磨损，为了延长使用寿命，多用于传递力不太大的场合。

（5）从动件行程不宜过大，否则会使凸轮变得笨重。

（6）在高速凸轮机构中，运动特性很复杂，要精确分析和设计凸轮轮廓曲线比较困难。

三、凸轮机构的分类

凸轮机构的种类很多，通常按凸轮形状和从动件的形式分类。

按凸轮的形状分，可分为：盘形凸轮、移动凸轮和圆柱凸轮，分别见表 4.2。

表 4.2　凸轮的形状

按凸轮形状分类	凸轮形状	盘形凸轮	移动凸轮	圆柱凸轮
	图例			
	说明	盘形凸轮是凸轮的最基本形式，结构简单，应用广泛	凸轮相对于机架作往复直线移动	在圆柱端面做出曲线轮廓或在圆柱表面开出曲线凹槽

（1）盘形凸轮。盘型凸轮又称为圆盘凸轮，它是凸轮的最基本形式。盘形凸轮是一个绕固定轴转动且径向尺寸变化的盘形构件，其轮廓曲线位于外缘或端面处。当凸轮转动时，可使从动杆在垂直或平行于凸轮轴的平面内运动。

盘型凸轮的结构简单，应用最为广泛，但从动杆的行程不能太大，所以多用于行程较短的场合。

（2）移动凸轮。移动凸轮又称为板状凸轮。盘型凸轮回转中心趋向无穷远时就变成移动凸轮，可以相对机架作往复直线移动。当凸轮移动时，可推动从动杆得到预定要求的运动。如图 4.20 所示靠模车削机构中的靠模就是一移动凸轮，移动凸轮 4，可使刀架 3 带动车刀 2（从动件）沿工件轴向移动，从而完成与凸轮轮廓曲线相同的工件 1 的外形加工。

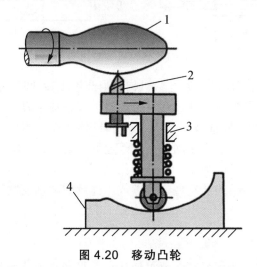

图 4.20　移动凸轮

（3）圆柱凸轮。圆柱凸轮是在端面上作出曲线轮廓，或在圆柱面上开有曲线槽。从动杆一端在凹槽中，当凸轮转动时从动杆沿沟槽作直线往复运动或摆动。这种凸轮与从动杆运动不在同一平面内，因此是一种空间凸轮，可使从动杆得到较大的行程。主要适用于行程较大的机械。

按从动杆的形式分，可分为：尖顶式从动杆、滚子式从动杆、平底式从动杆，见表 4.3。

表 4.3　从动件的形式

	从动件结构		尖　顶	滚　子	平　底
按从动件端部结构分类	图列	移动			
		摆动	盘形凸轮是凸轮的最基本形式，结构简单，应用广泛	凸轮相对于机架作往复直线移动	在圆柱端面做出曲线轮廓或在圆柱表面开出曲线凹槽（参见图 5.13）
	说明		结构简单，能准确实现较复杂的运动规律；但与凸轮接触面小，易磨损，故适用于载荷较小的场合	摩擦和磨损较小，可承受较大载荷，应用较广泛；但对具有内凹轮廓的凸轮，当内凹曲率半径较小时，应用受一定的限制	从动件底面与凸轮之间易形成油膜，可高速运转；但不能应用于有内凹轮廓的凸轮

（1）尖顶式从动杆。尖顶式从动杆做成尖顶与凸轮轮廓接触。其构造最简单、动作灵敏，但无论是从动杆还是凸轮轮廓都容易磨损，适用于低速、传达力小和动作灵敏等场合，如用于仪表机构中。

（2）滚子式从动杆。滚子式从动杆顶端装有滚子。由于滚子与凸轮之间为滚动摩擦，所以凸轮接触摩擦阻力小，解决了凸轮机构磨损过快的问题，故可用来传递较大的动力。

（3）平底式从动杆。平底式从动杆顶端做成较大的平底与凸轮接触。它的优点是凸轮对推杆的作用力垂直于推杆的底边，故受力比较平稳，而且凸轮与底面接触面较大，容易形成油膜，减少了摩擦，但灵敏性较差。

另外，还可以按从动件的运动形式分为直动和摆动从动件，根据工作需要选用一种凸轮和一种从动件形式组成直动或摆动凸轮机构。

第五章

机械传动

　　一台机器（机械）制造成功后都必须能完成设计者提出的要求，即执行某种机械运动以达到变换和传递能量、物料和信息的目的。

　　机器一般是由多种机构或构件按一定方式彼此相连而组成，当原动机（电动机、内燃机等）驱动机器运转时，其运动和动力是从机器的一部分逐级传递到相连的另一部分而最后到达执行机构来完成机器的使命。

　　把运动从原动机传递到工作机，把运动从机器的这部分机件传递到那一部分机件叫作传动。传动的方式很多，有机械传动，也有液压、气压传动以及电气传动。

　　利用构件和机构把运动和动力从机器的一部分传递到另一部分的中间环节称为机械传动。在传动装置中以机械传动的应用最广泛。

　　机械传动可分为摩擦传动、啮合传动两大类。摩擦传动如摩擦轮传动、带传动；啮合传动如链传动、齿轮传动、蜗杆传动、螺旋传动。一台机器（见图 5.1 中的拖拉机、车床等）通常是由一些零件（如带轮、链轮、齿轮、蜗杆、螺杆等）组成各种传动装置来传递运动和动力的。

图 5.1　机器示例

第一节　带传动

　　如果要把运动从原动机（如电动机）传递到距离较远的工作机（如打米机、水泵），最简单最常用的方法，就是采用皮带传动。如图 5.2 所示为带传动在车床上的应用及简图。

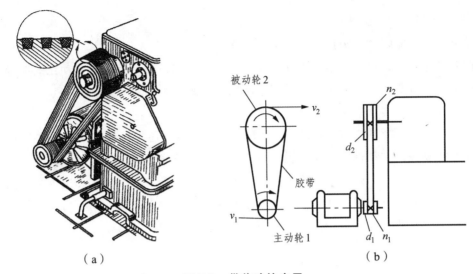

图 5.2 带传动的应用

一、概 述

1. 工作原理

带传动是一种应用广泛的机械传动。它是由主动带轮 1、从动带轮 2 和传动带 3 所组成（见图 5.3）。

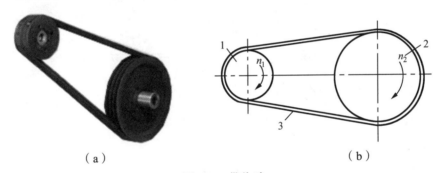

图 5.3 带传动

工作时，它是以带和轮缘接触面间产生的摩擦力来传递运动和动力的，因此，带传动是一种利用中间挠性件的摩擦传动。

2. 带传动的类型、特点和应用

如图 5.4 所示，根据带的横剖面形状不同，带可分为平带（图 a）、V 带（图 b）、圆带（图 c）、同步带（图 d）等类型。其中同步带是靠带的内表面上凸齿与带轮外缘上的轮齿相啮合来传动的，而其他都是靠传动带与带轮接触面间的摩擦来传动。以平带与 V 带使用最多。本节着重讨论 V 带传动。

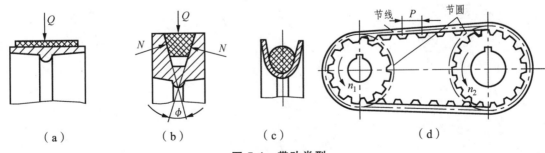

图 5.4 带动类型

3. 带传动的使用特点

（1）带传动柔和，能缓冲、吸振，传动平稳，无噪声。

（2）过载时产生打滑，可防止损坏零件，起安全保护作用，但不能保证传动比的准确性。

（3）结构简单，制造容易，成本低，适用于两轴中心距较大的场合。

（4）外廓尺寸较大，传动效率较低。

带传动是一种应用广泛的机械传动方式。无论是精密机械，还是工程机械、矿山机械、化工机械、交通运输、农业机械等，它都得到广泛使用。由于带传动的效率和承载能力较低，故不适用于大功率传动。平带传动传送功率小于 500 kW，而 V 带传动传递功率小于 700 kW；工作速度一般为 5 ~ 30 m/s。速度太低（1 ~ 5 m/s 或以下）时，则传动尺寸大而不经济。速度太高时，离心力又会使带轮间的压紧程度减少，传动能力降低。离心力会使带受到附加拉力作用，寿命降低。

二、V 带传动

1. V 带的结构、标准

V 带是没有接头的环形带，截面形状为等腰梯形，两侧面为工作面，夹角 40°。我国生产的 V 带分为帘布、线绳两种结构，如图 5.5 所示，由伸张层、强力层、压缩层和包布层组成。伸张层、压缩层由橡胶制成，在 V 带工作时分别受到拉伸和压缩；包布由橡胶帆布制成，主要起耐磨和保护作用。

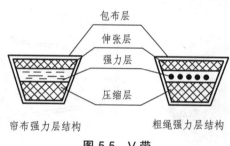

包布层
伸张层
强力层
压缩层

帘布强力层结构　　　　粗绳强力层结构

图 5.5　V 带

V 带截面尺寸已标准化，按截面高度 h、节宽 b_p 比值不同，常用的 V 带类型有：普通 V 带、窄 V 带、半宽 V 带、宽 V 带等。其中普通 V 带截面尺寸分为 Y、Z、A、B、C、D、E 共 7 种型号，截面尺寸依次增大。

V 带绕在带轮上产生弯曲，外层受拉伸长，内层受压缩短，其中必有一处既不受拉也不受压，周长不变。在 V 带中这种保持原长度不变的任一条周线称为节线[见图 5.6（b）]，由全部节线构成的面称为节面[见图 5.6（c）]，节面宽度称为节宽 b_p。

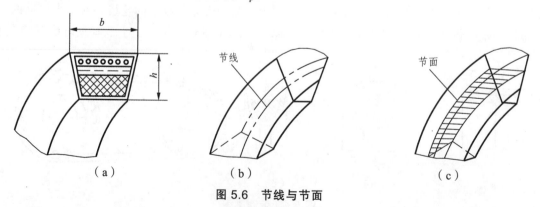

b

h

节线

节面

（a）　　　　　　　　（b）　　　　　　　　（c）

图 5.6　节线与节面

在 V 带轮上，与所配用 V 带的节面宽度 b_p 相对应的带轮直径称为基准直径，于同一位置的槽形轮廓宽度称为基准宽度。基准宽度处的带轮直径称为基准直径 d_d。V 带在规定张紧力下，位于带轮基准直径上的周线长度称为基准长度（也称为节线长度）L_d。普通 V 带基准长度系列见表 5.1。V 带的型号和基准长度都压印在胶带的外表面上，以供识别和选用，例如"B2500"即表示 B 型 V 带，基准长度为 2 500 mm。

表 5.1　普通 V 带基准长度系列

基准长度	200	224	250	280	315	355	400	450	500	560
	630	710	800	900	1 000	1 120	1 250	1 400	1 600	1 800
	2 000	2 240	2 500	2 800	3 150	3 550	4 000	4 500	5 000	5 600
	6 300	7 100	8 000	9 000	10 000	11 200	12 500	14 000	16 000	

2. 带轮的材料、结构

带轮最常用材料为灰铸铁，圆周速度 < 30 m/s 时常采用 HT150、HT200 制造。速度较高时，可采用铸钢或钢板焊接。小功率时，可用铸造铝合金或工程塑料。

带轮通常由轮缘、轮辐、轮毂组成（见图 5.7）。轮缘是带轮的外缘，用以安装传动带。在轮缘上有梯形槽，槽数和结构尺寸应与所选的 V 带型号相对应；轮毂是带轮与轴配合的内圈，用以安装在轴上；轮辐或腹板连接轮缘与轮毂。按轮辐结构不同划分为实心式[见图 5.7（a）]、腹板式[见图 5.7（b）]、孔板式[见图 5.7（c）]和轮辐式[见图 5.7（d）]4 种结构型式。一般小带轮，即 $d_d \leqslant$（1.5 ~ 3）d_0（d_0 为轴径）时可制成实心式，$d_d \leqslant 300$ mm 时可制成腹板式，$d_d \leqslant 400$ mm 时可制成孔板式，即 $D > 400$ mm 时可制成轮辐式。

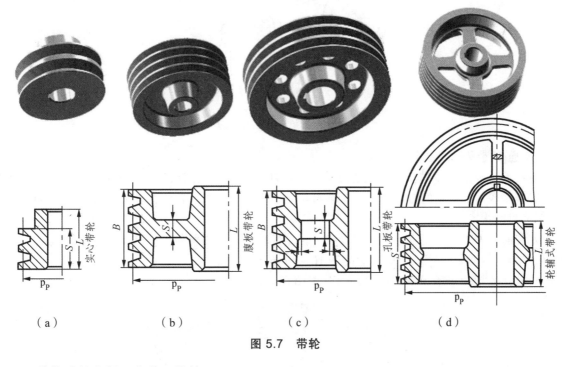

（a）　　　　　　（b）　　　　　　（c）　　　　　　（d）

图 5.7　带轮

3. V 带传动的张紧、安装、维护

（1）普通 V 带传动的张紧。

由于传动带工作一段时间后，会产生永久变形而使带松弛，使初拉力 F_0 减小而影响带传动的工作

能力，因此需要重新采取一些措施。常用的张紧方法有如下两种。

① 调整中心距法。

两带轮的中心距能够调整时，一般利用调整螺钉来调整中心距。在水平传动（或接近水平）时，电动机装在滑槽上，利用调整螺钉调整中心距[见图 5.8（a）]；如图 5.8（b）所示为垂直传动。电动机可装在托架座上，利用调整螺钉来调整中心距；也可利用电动机自身的重量下垂，以达到自动张紧的目的[见图 5.8（c）]，这种方法多用在小功率的传动中。

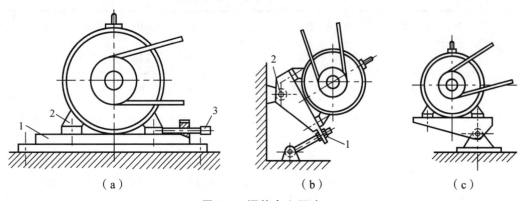

| （a） | （b） | （c） |

图 5.8 调整中心距法

② 张紧轮法。

当中心距不能调整时可采用张紧轮装置。如图 5.9 所示，为 V 带传动时采用的张紧轮装置，对于 V 带传动的张紧轮，其位置应安放在 V 带松边的内侧，这样可使 V 带传动时只受到单方向的弯曲，同时张紧轮应尽量靠近大带轮的一边，这样可使小带轮的包角不至于过分减小。

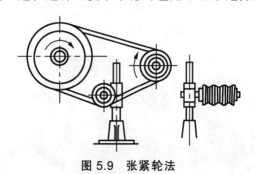

图 5.9 张紧轮法

（2）普通 V 带传动安装与维护要求。

① 应按设计要求选取带型、基准长度和根数。新、旧带不能同组混用，否则各带受力就不均匀。

② 安装带轮时，两轮的轴线应平行，端面与中心垂直，且两带轮装在轴上不得晃动，否则会使传动带侧面过早磨损。

③ 安装时，先将中心距缩小，待将传动带套在带轮上后再慢慢拉紧，以使带轮松紧适度。一般可凭经验来控制，带张紧程度以大拇指能按下 10～15 mm 为宜。

④ V 带在轮槽中应用正确的位置，如图 5.10 所示。

（a）正确　　　（b）错误　　　（c）错误

图 5.10 V 带在轮槽中的正确位置

V 带的外缘应与带轮的轮缘齐平（新安装时可略高于轮缘），这样 V 带与轮槽的工作面才能充分接触；如果 V 带的外边缘高出轮缘太多，则接触面积减小，使传动能力降低；如果 V 带陷入轮缘太多，则会使 V 带的底面与轮槽的底面接触，从而导致 V 带的两工作侧面接触不良，使 V 带与带轮之间的摩擦力丧失。

⑤ 在使用过程中要对带进行定期检查且及时调整。若发现个别 V 带有疲劳撕裂现象时，应及时更换所有 V 带。

⑥ 严防 V 带与酸、碱、油类等对橡胶有腐蚀作用的介质接触，尽量避免日光曝晒。

⑦ 为了保证安全生产，应给 V 带传动加防护罩。

三、同步齿形带传动

同步齿形带传动是由一根内周表面设有等间距齿的封闭环形胶带和具有相应齿的带轮所组成，如图 5.11 所示。带的工作面是齿的侧面，工作时胶带的凸齿与带轮的齿槽相啮合，因而带与带轮间没有相对滑动，从而达到了主、从动轮的同步传动。同步带传动时，传动比准确，对轴作用力小，结构紧凑，耐油、耐磨性好，抗老化性能好，一般使用温度 $-20 \sim 80\,°C$，$v<50\ m/s$，$P<300\ kW$，$i<10$，用于要求同步的传动也可用于低速传动。

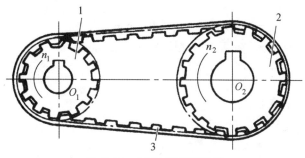

图 5.11　同步齿形带传动

如图 5.12 所示，同步带是以钢丝绳或玻璃纤维为强力层，外覆以聚氨酯或氯丁橡胶的环形带，带的内周制成齿状，使其与齿形带轮啮合。

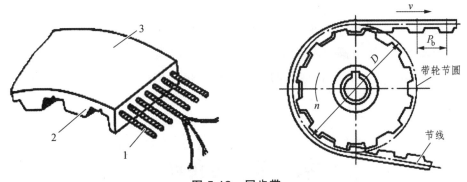

图 5.12　同步带

1. 同步带的标记

同步带的标记为：

长度代号	型号	宽度代号

同步带标记示例：型号 420L050

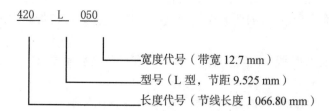

2. 同步带轮的结构和标记

同步带轮的标记（GB/T11361——2008）

带轮齿轮	带的型号	轮宽代号

同步带轮标记示例：型号 30L075

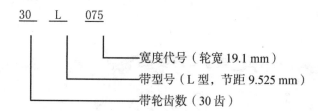

同步齿形带传动具有以下特点：

（1）传动准确，工作时无滑动，具有恒定的传动比。

（2）传动平稳，具有缓冲、减振能力，噪声低。

（3）传动效率高，可达 0.98，节能效果明显。

（4）维护保养方便，不需润滑，维护费用低。

（5）速比范围大，一般可达 10，线速度可达 50 m/s，具有较大的功率传递范围，可达几瓦到几百千瓦。

（6）可用于长距离传动，中心距可达 10 m 以上。

（7）制造、安装精度要求较高、成本高。

同步带传动主要用于要求传动比准确的中、小功率传动中，如计算机、录音机、磨床和纺织机械等。

第二节　链传动

在两轴距较远而速比又要正确时，可采用链传动（见图 5.13）。链传动机构由装在平行轴上的主动链轮、从动链轮、绕在链轮上的环形链条及机架所组成。

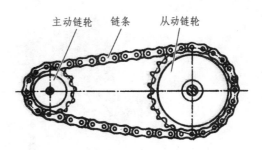

主动链轮　链条　从动链轮

图 5.13　链传动

一、链传动的工作原理、应用特点

链传动以链条作中间挠性元件，靠链与链轮的啮合来传递动力和运动。

链传动是啮合工作，可获得准确的平均传动比。与带传动相比，链传动张紧力小，轴上受力较小，传递功率较大，效率也较高，必要时，链传动可以在低速、高温、油污的情况下工作。与齿轮传动相比，它可在两轴中心距较大的场合下工作。由于瞬时链速是变化的，因瞬时传动比不是常数，传动平稳性较差，有噪声且链速不宜过高。链传动主要用于要求平均传动比准确，且两轴相距较远，工作条件恶劣（温度高、灰尘大、淋水、淋油等），不宜采用皮带传动和齿轮传动的场合。目前，链传动广泛应用于轻工、农业、石化、起重运输等行业及机床、摩托车、自行车等机械传动中。通常传动链传递的功率 $P \leqslant 100$ kW，链速 $v \leqslant 15$ m/s，传动比 $i \leqslant 6 \sim 8$，中心距 $a \leqslant 8$ m，润滑良好时，效率可达 $0.97 \sim 0.98$。

二、链传动的传动比

设主动链轮的齿数为 z_1，转速为 n_1，从动链轮的齿数为 z_2，转速为 n_2。在每一分钟内，主动轮转过齿数为 $n_1 z_1$，从动轮转过齿数为 $n_2 z_2$。显然，每一分钟内主动轮与从动轮所转过的齿数相等。即

$$n_1 z_1 = n_2 z_2$$

则传动比

$$i = \frac{z_1}{z_2} = \frac{n_2}{n_1} \tag{5-1}$$

三、链条及链轮

1. 链传动的类型

由于链的用途不同，链分为传动链、起重链和牵引链 3 种。传动链用于一般机械中传递动力和运动；起重链用于起重机械中提升重物[见图 5.14（a）]；牵引链用于链式输送机中移动重物[见图 5.14（b）]。

（a）提升重物

（b）移动重物

图 5.14 链传动分类（按用途）

常用的传动链根据其结构的不同，可分为滚子链[见图 5.15（a）]和齿形链[见图 5.15（b）]两种。

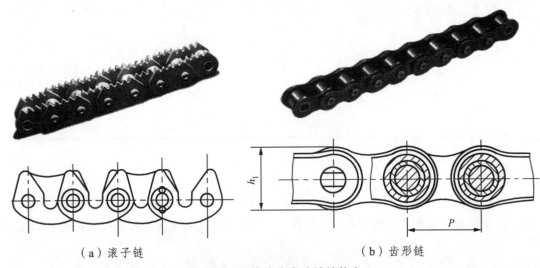

（a）滚子链   （b）齿形链

图 5.15 链传动分类（按结构）

2. 滚子链

如图 5.16 所示，滚子链由内链板、外链板、销轴、套筒和滚子组成。外链板和销轴、内链板与套筒以过盈配合连接，套筒与滚子、套筒和销轴以间隙配合相连。当链曲伸时，套筒可绕销轴自由转动，起着铰链的作用。

滚子链有单排链、双排链和多排链，排数越多，传动能力越大。如图 5.17 所示为三排滚子链。

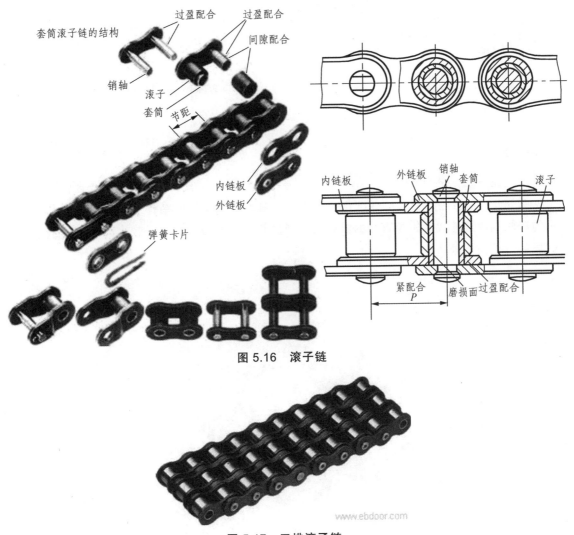

图 5.16 滚子链

图 5.17 三排滚子链

传动链在使用时总是首尾相连成环形。如图 5.18 所示为滚子链的接头形式，当链节总数为偶数时内链板和外链板首尾相接可用开口销或弹簧卡将销轴锁紧。当链节总数为奇数时，则应采用过渡链节进行连接。但过渡链节的弯链板在工作时易产生附加弯曲应力，故应尽量避免采用。因此链节总数最好为偶数。

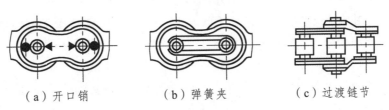

（a）开口销　　　　　（b）弹簧夹　　　　　（c）过渡链节

图 5.18 滚子链的接头形式

滚子链标记：

传动链　链号——排数 × 链节数　标准编号

链号 × 25.4/16 = 链节距 p（相邻两滚子轴线间的距离）

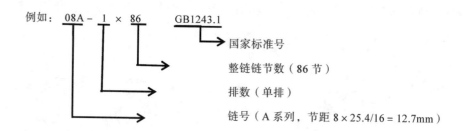

例如：08A - 1 × 86　GB1243.1

国家标准号

整链链节数（86 节）

排数（单排）

链号（A 系列，节距 8 × 25.4/16 = 12.7mm）

3. 链 轮

为保证链轮轮齿面具有足够强度和耐磨性，链轮的材料通常采用优质碳素钢或合金钢，并经过热处理（见图 5.19）。链轮的齿形已标准化，用标准刀具加工。链轮的结构可根据尺寸的大小来确定，直径小的链轮制成实心式，中等直径的链轮可做成腹板式或孔板式，直径较大时可采用组合式结构，轮齿磨损后可更换齿圈。

图 5.19

四、链传动的润滑和维护

为了延长链传动的寿命，要进行润滑和维护。润滑可以减轻链条和链轮齿面的磨损，缓和链条和链轮齿面的冲击，降低链环节内部的温度。常用润滑方式有：

（1）人工定期润滑用油壶或油刷给油：适于低速（$v \leqslant 4$ m/s）、不重要的链传动。

（2）滴油润滑：用油杯通过油管滴入松边内、外链板间隙处，适于 $v \leqslant 10$ m/s 的传动。

（3）油浴润滑：将松边的链条浸入油池中，浸油深度为 6 ~ 12 mm。

（4）飞溅润滑：在密封容器中用甩油盘将油甩起，经壳体上的集油装置将油导流到链条上。甩油盘的线速度应大于 3 m/s。

（5）压力润滑：用于 $v \geqslant 8$ m/s 的大功率重要设备，使用油泵将油喷射至链条与链轮啮合处。

第三节　螺旋传动

螺旋传动是构件的一种空间运动，它由具有一定制约关系的转动及沿转动轴线方向的移动两部分组成。组成运动副的两构件只能沿轴线作相对螺旋运动的运动副称为螺旋副。螺旋副是以面接触的低副。螺旋传动是利用螺旋副来传递运动和（或）动力的一种机械传动。可以方便地把主动件的回转运动转变为从动件的直线运动。与其他将回转运动转变为直线运动的传动装置（如曲柄滑块机构）相比，螺旋传动具有结构简单，工作连续、平稳，承载能力大，传动精度高等优点，广泛应用于各种机械和仪器中。螺旋传动的缺点是摩擦损失大，传动效率低。但由于滚珠螺旋传动的应用，使螺旋传动摩擦大、易磨损和效率低的缺点得到了很大程度的改善。

常用的螺旋传动有普通螺旋传动和滚珠螺旋传动等。

一、普通螺旋传动

普通螺旋传动是由螺杆和螺母组成的简单螺旋副。其螺杆（或螺母）的移动方向不仅与螺杆（或螺母）的回转方向有关，还和螺旋方向有关。螺杆或螺母的移动方向可用左、右手螺旋法则来判定：左旋螺杆（或螺母）伸左手，右旋螺杆（或螺母）伸右手，并半握拳，四指顺着螺杆（或螺母）的旋转方向，大拇指的指向即为螺杆（或螺母）的移动方向。若螺杆原地转动，螺母移动时，与大拇指指向相反方向，即为螺母移动方向。如图 5.20 所示。

右旋螺纹

图 5.20　螺杆或螺母移动方向判定

在普通螺旋传动中，螺杆（或螺母）的移动距离，由导程决定。即

$$L = n \cdot S$$

式中　L——移动距离，mm/min；

　　　n——转速，r/min；

　　　S——导程，mm。

普通螺旋传动的应用形式有：

（1）螺母不动，螺杆回转并作直线运动，如台式虎钳（见图 5.21）等。

（2）螺杆不动，螺母回转并作直线运动，如龙门刨床垂直刀架的水平移动、千斤顶（见图 5.22）等。

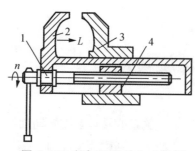

图 5.21　螺杆位移的台式虎钳

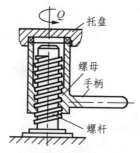

图 5.22　螺旋千斤顶

（3）螺杆原地回转，螺母作直线运动，多用于机床进给机构，如车床大溜板的纵向进给和中溜板的横向进给（见图 5.23）。

（4）螺母原位回转，螺杆往复运动，如应力试验机上的观察镜螺旋调整装置（见图 5.24）。

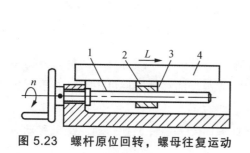

图 5.23　螺杆原位回转，螺母往复运动

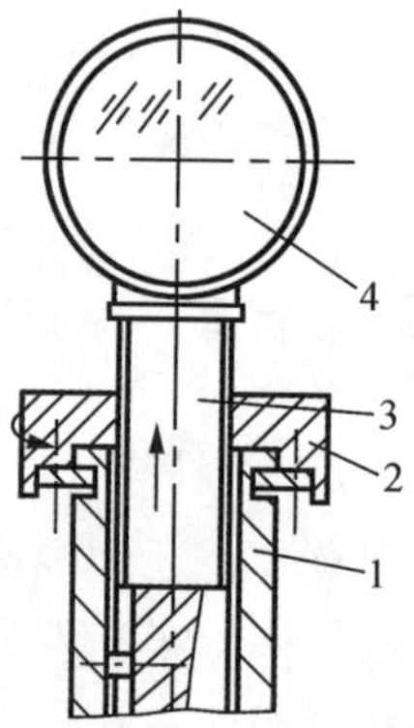

图 5.24　螺母原位回转，螺杆往复运动

二、滚珠螺旋传动

普通螺旋传动具有许多优点，但其螺旋副的摩擦是滑动摩擦，磨损严重，影响传动精度，效率低，不能满足高速度、高效率和高精度的传动要求。为改善螺旋传动的功能，可将螺旋副做成滚道，并在滚道间充满滚珠，使螺旋副的摩擦成为滚动摩擦，这种螺旋称为滚珠螺旋或滚珠丝杠，如图 5.25 所示。

滚珠螺旋按滚珠循环方式可分为外循环式和内循环式两种。

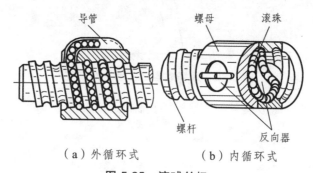

（a）外循环式　　　　（b）内循环式

图 5.25　滚球丝杠

滚珠螺旋传动的特点：

（1）摩擦损失小，效率较高（90%以上），摩擦因数为 0.002 ~ 0.005，且与运转速度关系不大，所以启动转矩接近于运转转矩，运转稳定。

（2）磨损很小，可调整方法消除间隙并产生一定的预变形来增加刚度，故传动精度很高。

（3）不具有自锁性，可以变直线运动为旋转运动。

但滚珠螺旋传动的结构复杂，制造困难，成本高；有些机构中为防止逆转，还需另加自锁机构。

由于滚珠螺旋传动具有以上一些优点，早已在汽车和拖拉机转向机构中得到应用，目前主要应用在精密传动的数控机床上，以及自动控制装置和精密测量仪器中。

第四节 齿轮传动

两轴距离较近，要求传递较大转矩，且传动比要求较严时，一般都用齿轮传动。齿轮传动是机械传动中最主要的一种传动，其形式很多，应用广泛。如图 5.26 所示为齿轮传动在机床上的应用。

图 5.26 齿轮在机床上的应用

一、齿轮传动的应用特点、分类

齿轮传动是指用主、从动轮轮齿直接啮合、传递运动和动力的装置。两齿轮轴线相对位置不变，并各自绕自己轴线转动。主动轮的轮齿逐个地推动从动轮的轮齿，使从动轮转动，从而将主动轮的动力和运动传递给从动轮。

1. 传动比

在如图 5.27 所示的一对齿轮中，设主动齿轮的转速为 n_1，齿数为 z_1，从动齿轮的转速为 n_2，齿数为 z_2，当主动齿轮转过 n_1 转时，其转过齿数为 z_1n_1。而从动齿轮跟着转过 n_2 转，其转过齿数为 z_2n_2。由于两轮转过的齿数应相等，即 $z_1n_1=z_2n_2$，由此可得一对齿轮的传动比为

$$i = \frac{\omega_1}{\omega_2} = \frac{n_1}{n_2} = \frac{z_2}{z_1} \tag{5-2}$$

图 5.27 齿轮

2. 应用特点

在所有机械传动中，齿轮传动应用最广，可用来传递任意两轴之间的运动和动力。在工程机械、矿山机械、冶金机械以及各种机床中都有应用。齿轮传动所传递的功率可以从几瓦到几万千瓦；它的直径从不到 1 mm 的仪表齿轮到 10 m 以上的重型齿轮；它的圆周速度从很低到 100 m/s 以上。齿轮传动和带传动、链传动相比，有如下特点：

（1）能保证瞬时传动比恒定，平稳性较高，传递运动准确可靠。

（2）传递的功率和速度范围较大。

功率小至 1 kW（如仪表中的齿轮传动），大至 5×10^4 kW（如涡轮发动机的减速器），甚至高达 1×10^5 kW；圆周速度从很低到 100 m/s 以上，甚至高达 300 m/s。

（3）传动效率高，使用寿命长。

一般传动效率 $\eta = 0.94 \sim 0.99$，寿命数年至数十年。

（4）结构紧凑、工作可靠、可实现较大的传动比。

（5）齿轮的制造、安装精度要求较高（专用机床和刀具加工），精度低时，噪声、振动较大。

（6）不适于中心距 a 较大两轴间传动，否则机构庞大、笨重。

（7）齿数为整数，不能实现无级变速。

3. 齿轮传动的基本要求

采用齿轮传动时，因啮合传动是个比较复杂的运动过程，对其要求是：

（1）传动要平稳。要求齿轮在传动过程中，任何瞬时的传动比保持恒定不变。这样可以保持传动的平稳性，避免或减少传动中的噪声、冲击、振动。

（2）承载能力强。要求齿轮的尺寸小，质量轻，而承受载荷的能力大。也就是要求强度高，耐磨性好，寿命长。

4. 齿轮传动的常用类型

齿轮的种类很多，可以按不同方法进行分类。

根据两轴的相对位置方向可分为：圆柱齿轮传动[见图 5.28（a）]、锥齿轮传动[见图 5.28（b）]、交错轴斜齿轮传动[见图 5.28（c）]。

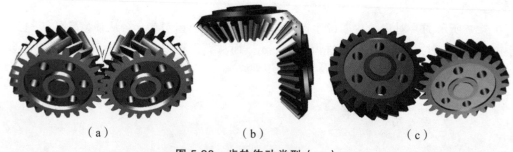

（a）   （b）   （c）

图 5.28 齿轮传动类型（一）

根据齿宽方向齿与轴的歪斜形式可分为：直齿[见图 5.29（a）]、斜齿[见图 5.29（b）]、人字齿[见图 5.29（c）]。

|（a）| | （b）| | （c）|

图 5.29 齿轮传动类型（二）

根据齿轮的啮合方式可分为：外啮合齿轮传动[见图 5.30（a）]、内啮合齿轮传动[见图 5.30（b）]、齿条传动[见图 5.30（c）]。

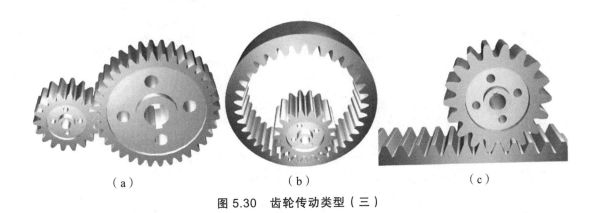

|（a）| | （b）| | （c）|

图 5.30 齿轮传动类型（三）

根据齿轮传动的工作条件，可分为：开式齿轮传动（齿轮暴露在外，不能保证良好润滑）、闭式齿轮传动（齿轮、轴和轴承等都装在封闭箱体内，润滑条件良好）。

按齿轮齿廓曲线的形状可分为：渐开线齿轮、摆线齿轮、圆弧齿轮。常用的是渐开线齿轮。

二、常用的齿轮材料、结构

1. 常用的齿轮材料

常用材料为优质碳素结构钢（如 35、45、50）、合金结构钢（如 35SiMn、40Cr、40MnB、20Cr、20CrMn）、铸钢（如 ZG45、ZG55）、铸铁（如 HT300、HT350）和非金属材料（如夹布胶木）等，钢制齿轮一般需要经过热处理改善齿轮的性能。

2. 常用的齿轮结构

当齿轮的齿根圆直径与轴径很接近时，为了保证轮毂键槽足够的强度，应将齿轮与轴做成一体，称为齿轮轴。当齿顶圆直径 $d_a \leq 200$ mm 时，齿轮与轴分别制造，可以采用锻造实体式结构。当齿顶圆直径 $d_a \leq 500$ mm 时，可采用辐板式结构，以减轻质量、节约材料。齿轮直径 $d_a > 500$ mm 时，则采用轮辐式结构。

三、标准直齿圆柱齿轮的主要参数和几何尺寸计算

1. 标准直齿圆柱齿轮的主要参数

在一个齿轮上，齿数、压力角和模数是几何尺寸计算的主要参数和依据。

（1）齿数 z。

如图 5.31 所示为一直齿圆柱齿轮的一部分。在齿轮整个圆周上，均匀分布的轮齿总数即齿数，是齿轮的最基本参数之一。当模数一定时，齿数越多，齿轮的几何尺寸越大，轮齿渐开线的曲率半径也越大，齿廓曲线趋于平直。

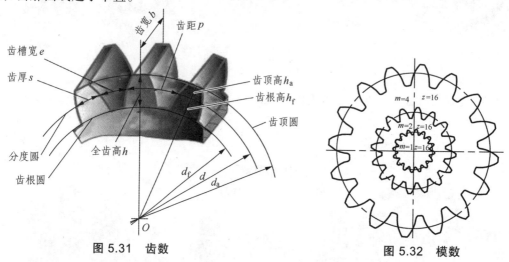

图 5.31　齿数　　　　　　　　　　图 5.32　模数

（2）模数 m。

模数是齿轮几何尺寸计算中最基本的一个参数。在图 5.31 中，设分度圆直径为 d（半径为 r），相邻两轮齿同侧渐开线在分度圆上的弧长为齿距 p，则分度圆周长 $\pi d = zp$。

由于 π 为一无理数，为了制造和计算上的方便，人为地把 p/π 规定为有理数，即齿距 p 除以圆周率 π 所得的商，称为模数，用 m 表示，单位为 mm，即

$$m = p / \pi = d / z \tag{5-3}$$

模数直接影响齿轮的大小，轮齿齿形和强度的大小。对于相同齿数的齿轮，模数越大，齿轮的几何尺寸越大，轮齿也大，因此承载能力也越大，如图 5.32 所示。

国家对模数值规定了标准模数系列，见表 5.2。

表 5.2　标准模数系列表（GB/T 1357–1987）

	0.1	0.12	0.15	0.2	0.25	0.3	0.4	0.5	0.6	0.8	1
第一系列	1.25	1.5	2	2.5	3	4	5	6	8	10	12
	16	20	25	32	40	50					
第二系列	0.35	0.7	0.9	1.75	2.25	2.75	（3.25）	3.5	（3.75）	4.5	5.5
	（6.5）	7	9	（11）	14	18	22	28		36	45

注：选用模数时，应优先选用第一系列，其次是第二系列，括号内的模数尽量不用。

（3）压力角 α。

压力角是物体运动方向与受力方向所夹的锐角。通常所说的压力角是指分度圆上的压力角。压力角不同，轮齿的形状不同。压力角已标准化，我国规定标准压力角 $\alpha = 20°$。

2. 标准直齿圆柱齿轮各部分名称和几何尺寸计算

外啮合标准直齿圆柱齿轮各部分名称和符号如图 5.31 所示。

（1）分度圆。

圆柱齿轮的分度圆柱面与端面的交线，称分度圆。该圆直径称分度圆直径。分度圆直径是表示齿轮大小的一个参数，用 d 表示，半径用 r 表示，单位 mm。由式（5-3）得

$$d = mz \tag{5-4}$$

把在分度圆直径上，齿形角和模数都取标准值，且端面齿厚（齿厚）和端面齿槽宽（槽宽）相等的齿轮，称为标准齿轮。

（2）齿距（周节）。

在齿轮上，两个相邻而同侧的端面齿廓之间的分度圆弧长，称为端面齿距，简称为齿距，并用 p 表示，单位 mm。由式（5-3）得

$$p = \pi m \tag{5-5}$$

（3）齿厚。

在圆柱齿轮的端面上，一个齿的两侧端面齿廓之间的分度圆弧长，称为端面齿厚，简称为齿厚。并用 s 表示，单位 mm。对于标准齿轮，其计算式为

$$s = p / 2 = \pi m / 2 \tag{5-6}$$

（4）槽宽

齿轮上两相邻轮齿之间的空间叫齿槽，在端面上，一个齿槽的两侧齿廓之间的分度圆弧长，称为端面齿槽宽，简称为槽宽，并用 e 表示，单位 mm。对于标准齿轮，其计算式为

$$e = s = p / 2 = \pi m / 2 \tag{5-7}$$

（5）齿顶高。

齿顶圆与分度圆之间的径向距离称为齿顶高，并用 h_a 表示，为了使轮齿的齿形匀称，齿顶高和模数按一定的系数成正比。即

$$h_a = h_a^* m \tag{5-8}$$

式中，h_a^* 为齿顶高系数，对于正常标准齿轮 $h_a^* = 1$，短齿标准齿轮 $h_a^* = 0.8$。

（6）齿根高和顶隙。

齿根圆与分度圆之间的径向距离称为齿根高，并用 h_f 表示，为了使两齿轮在啮合传动时，避免一轮齿的齿顶与另一轮齿的齿槽的底部接触，在齿顶与齿槽的底部留有一定的间隙。即在齿轮副中，一个齿轮的齿根圆柱与配对的齿轮的齿顶圆柱面之间在连心线上量度的距离，称为顶隙，用 c 表示，$c = c^* m$，所以

$$h_f = h_a + c = (h_a^* + c^*)m \tag{5-9}$$

式中，c^* 为顶隙系数，对于正常标准齿轮 $c^* = 0.25$，短齿标准齿轮 $c^* = 0.3$。（7）齿高。

齿顶圆与齿根圆之间的径向距离称为齿高，用 h 表示

$$h = h_a + h_f = (2h_a^* + c^*) m = 2.25\, m \tag{5-10}$$

（8）齿顶圆。

在圆柱齿轮的上，其齿顶圆柱面与端面的交线，称齿顶圆，其直径称顶圆直径，用 d_a 表示，半径用 r_a 表示。对于正常标准齿轮

$$d_a = d + 2h_a = m\,(z + 2) \tag{5-11}$$

（9）齿根圆。

在圆柱齿轮上，其齿根圆柱面与端面的交线称为齿根圆，其直径称为齿根圆直径，用 d_f 表示，半径用 r_f 表示。对于正常标准齿轮

$$d_f = d - 2h_f = m\,(z - 2) \tag{5-12}$$

（10）基圆。

渐开线圆柱齿轮上的一个假想圆，形成渐开线齿廓的发生线在此假想圆的圆周上作纯滚动，此假想圆就称为基圆，其直径称基圆直径，并用 d_b 表示，半径用 r_b 表示。由分度圆、齿形角和基圆的几何关系（ $\cos\alpha = r_b/r$ 或 $r_b = r\cos\alpha$ ）可得

$$d_b = d\cos\alpha = mz\cos\alpha \tag{5-13}$$

（11）齿宽。

齿轮的有齿部位沿分度圆柱面的直线方向量度的宽度称为齿宽，用 b 表示。一般齿宽 $b = (6 \sim 12)\,m$ ，常取 $b = 10\,m$ 。

（12）中心距。

平行轴或交错轴齿轮副的两轴线之间的最短距离称为中心距，用 a 表示。

$$a = d_1/2 + d_2/2 = m\,(z_1 + z_2)\,/2 \tag{5-14}$$

为便于计算，有关外啮合标准直齿圆柱齿轮几何尺寸计算公式列表于表 5.3。

表 5.3　外啮合标准直齿圆柱齿轮几何尺寸计算

名　称	符　号	计算公式及参数选择
模数	m	取标准值
分度圆直径	d	$d = mz$
齿顶高	h_a	$h_a = h_a^* m$
齿根高	h_f	$h = (h_a^* + c^*)\,m$
齿全高	h	$h = h_a + h_f = (2h_a^* + c^*)\,m$
齿顶圆直径	d_a	$d_a = d + 2h_a = m\,(z + 2h_a^*)$
齿根圆直径	d_f	$d_f = d - 2h_f = m\,(z - 2h_a^* - 2c^*)$
基圆直径	d_b	$d_b = d\cos\alpha = mz\cos\alpha$
齿厚	s	$s = \pi m/2$
槽宽	e	$e = s = \pi m/2$
中心距	a	$a = m\,(z_1 + z_2)\,/2$
正常齿制： $h_a^* = 1.0$ 、 $c^* = 0.25$ ，短齿制： $h_a^* = 0.8$ 、 $c^* = 0.3$		

例 5-1：相啮合的一对标准直齿圆柱齿轮（压力角 $\alpha = 20°$ ，齿顶高系数 $h^* = 1$ ，顶隙系数 $c^* = 0.25$ ），

齿数 z_1=20，z_2=32，模数 m=10 mm，试计算其分度圆直径 d，顶圆直径 d_a，根圆直径 d_f，齿厚 s，基圆直径 d_b 和中心距 a。

解：分度圆直径　　$d_1 = m\,z_1 = 10 \times 20 = 200$ mm

$d_2 = m\,z_2 = 10 \times 32 = 320$ mm

顶圆直径　　$d_{a1} = d_1 + 2h_a = m(z_1 + 2) = 10 \times (20 + 2) = 220$ mm

$d_{a2} = d_2 + 2h_a = m(z_2{+} + 2) = 10 \times (32 + 2) = 340$ mm

根圆直径　　$d_{f1} = d_1 - 2h_f = m(z_1 - 2.5) = 10 \times (20 - 2.5) = 175$ mm

$d_{f2} = d_2 - 2h_f = m(z_2 - 2) = 10 \times (32 - 2) = 295$ mm

齿厚　　$s_1 = s_2 = p / 2 = \pi\,m / 2 = 3.14 \times 10 / 2 = 15.7$ mm

基圆直径　　$d_{b1} = d_1 \cos\alpha = m\,z_1 \cos\alpha = 10 \times 20 \times \cos 20° = 188$ mm

$d_{b2} = d_2 \cos\alpha = m\,z_2 \cos\alpha = 10 \times 32 \times \cos 20° = 301$ mm

四、正确啮合条件

直齿圆柱齿轮传动的正确啮合条件是：

（1）两齿轮的模数必须相等，即 $m_1 = m_2$。

（2）两齿轮分度圆上的压力角必须相等，即 $\alpha_1 = \alpha_2$。

第五节　轮　系

由两个互相啮合的齿轮所组成的齿轮机构是齿轮传动中最简单的形式。在机械传动中，有时为了获得较大的传动化，或将主动轴的一种转速换为从动轴的多种转速，或需改变从动轴的回转方向，往往采用一系列相互啮合的齿轮，将主动轴和从动轴连接起来组成传动。这种由一系列相互啮合的齿轮组成的转动系统称为轮系。如图 5.33 所示为轮系在齿轮减速器中的应用。

图 5.33

一、轮系的分类

轮系的结构形式很多，根据轮系在传动中各齿轮的几何轴线在空间的相对位置是否固定，轮系可分为定轴轮系和周转轮系两大类。

1. 定轴轮系

如图 5.34（a）所示，当轮系运转时，其中各齿轮的几何轴线位置都是固定的，此轮系称为定轴轮系。定轴轮系又称普通轮系。

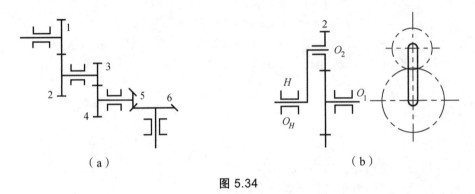

（a）　　　　　　　　　　（b）

图 5.34

2. 周转轮系

当轮系运转时，其中至少有一个齿轮的几何轴线是绕另一齿轮的固定几何轴线转动，此轮系称为周转轮系。如图 5.34（b）所示，齿轮 1 和构件各绕固定几何轴线 O_1 和 H_1 回转，而齿轮 2 一方面绕自己的轴线 O_2 回转（自转），另一方面轴线 O_2 又绕固定轴线 O_1 回转（公转）。

二、轮系应用特点

1. 可以获得很大的传动比

很多机械要求有很大的传动比，如：机床中的电动机转速很高，而主轴的转速要求很低才能满足切削要求。用一对相互啮合的齿轮传动，受结构的限制，传动比不能过大（一般为 3 ~ 6，最大不超过 8），若采用轮系（见图 5.33）就可以达到很大的传动比，以满足低速工作的需要。

2. 可以作较远距离的传动

当两轴中心距较远时，若仅用一对齿轮传动，势必将齿轮做得很大，不仅浪费材料，而且传动机构庞大，结构不合理，而采用轮系传动则结构紧凑、合理，并能作较远距离的传动，如图 5.35 所示。

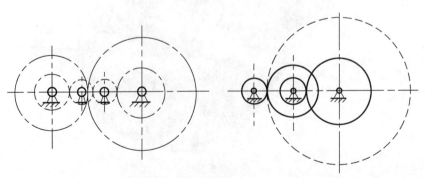

图 5.35

3. 可以实现变速、变向的要求

如机床主轴的转速，有时要求很快，有时要求很慢，从最快到最慢有多级转速变化。若采用滑移齿轮（见图 5.36）等变速机构，改变两轮传动比，可实现多级变速要求。在输入轴转向不变的条件下，采用三星轮换向机构（见图 5.37）等可实现变向要求，输出轴既可正转也可反转。

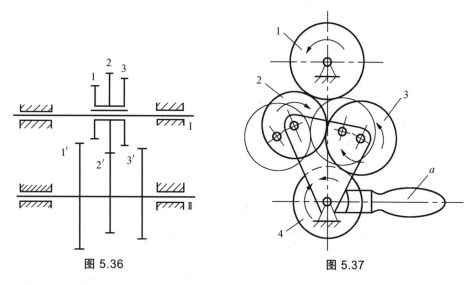

图 5.36   图 5.37

4. 可以合成或分解运动。

采用周转轮系可以将两个独立运动合成一个运动[见图 5.38（a）]，或将一个运动分解为两个独立运动[见图 5.38（b）]。

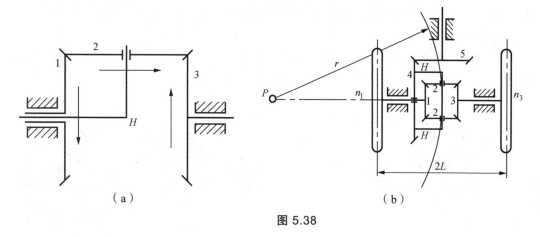

（a）   （b）

图 5.38

三、定轴齿轮系传动比的计算

1. 轮系的传动比

轮系传动比即齿轮系中首轮与末轮角速度或转速之比。进行齿轮系传动比计算时除计算传动比大小外，一般还要确定首、末轮转向关系。

确定齿轮系的传动比包含以下两方面：

（1）计算传动比I的大小。

（2）确定输出轴（轮）的转向。

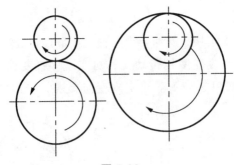

图 5.39

2. 定轴齿轮系传动比的计算公式

一对齿轮的传动比：

传动比大小

$$i_{12}=n_1/n_2=z_2/z_1 \qquad\qquad (5\text{-}15)$$

转向：外啮合转向相反取 "－" 号，内啮合转向相同取 "＋" 号

对于圆柱齿轮传动，从动轮与主动轮的转向关系可直接在传动比公式中表示，即

$$i_{12}=\pm z_2/z_1 \qquad\qquad (5\text{-}16)$$

其中 "＋" 号表示主从动轮转向相同，用于内啮合；"－" 号表示主从动轮转向相反，用于外啮合；对于圆锥齿轮传动和蜗杆传动，由于主从动轮运动不在同一平面内，因此不能用"±"号法确定，圆锥齿轮传动、蜗杆传动和齿轮齿条传动只能用画箭头法确定。

对于齿轮齿条传动，若 ω_1 表示齿轮 1 角速度，d_1 表示齿轮 1 分度圆直径，v_2 表示齿条的移动速度，存在以下关系：$v_2=d_1\omega_1/2$

对于一个轮系：如图 5.40 所示为一个简单的定轴齿轮系。运动和动力是由Ⅰ轴经Ⅱ轴传到Ⅲ轴。Ⅰ轴和Ⅲ轴的转速比，亦即首轮和末轮的转速比即为定轴齿轮系的传动比

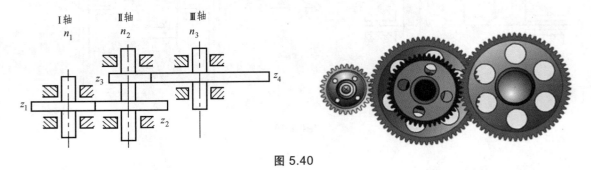

图 5.40

$$i_{14}=n_1/n_4=n_1/n_3$$

齿轮系总传动比应为各齿轮传动比的连乘积，从Ⅰ轴到Ⅱ轴和从Ⅱ轴到Ⅲ轴传动比分别为

$$i_{12}=n_1/n_2=-z_2/z_1$$

$$i_{34}=n_2/n_3=-z_4/z_3$$

$$i_{14}=i_{13}\times i_{34}=\frac{n_1}{n_2}\times\frac{n_2}{n_3}=\frac{-z_2}{z_1}\times\frac{-z_4}{z_3}=\frac{z_2 z_4}{z_1 z_3}$$

定轴齿轮系传动比，在数值上等于组成该定轴齿轮系的各对啮合齿轮传动的连乘积，也等于首末

轮之间各对啮合齿轮中所有从动轮齿数的连乘积与所有主动轮齿数的连乘积之比。设定轴齿轮系首轮为 1 轮、末轮为 k 轮，定轴齿轮系传动比公式为：

$$i = n_1/n_k = 各对齿轮传动比的连乘积$$

$$i_{1k}=(-1)^m 所有从动轮齿数的连乘积/所有主动轮齿数的连乘积$$

式中，"1"表示首轮，"k"表示末轮，m 表示轮系中外啮合齿轮的对数。当 m 为奇数时传动比为负，表示首末轮转向相反；当 m 为偶数时传动比为正，表示首末轮转向相同。

注意：中介轮（惰轮）不影响传动比的大小，但改变了从动轮的转向。

例题 5-2：如图 5.41 所示齿轮系，蜗杆的头数 $z_1 = 1$，右旋；蜗轮的齿数 $z_2 = 26$。一对圆锥齿轮 $z_3 = 20$，$z_4 = 21$。一对圆柱齿轮 $z_5 = 21$，$z_6 = 28$。若蜗杆为主动轮，其转速 $n_1 = 1\,500$ r/min，试求齿轮 6 的转速 n_6 的大小和转向。

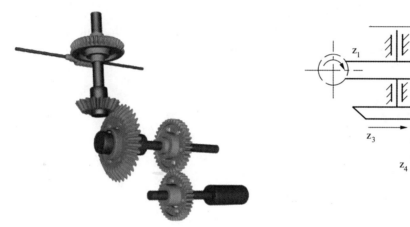

图 5.41

解：根据定轴齿轮系传动比公式：

$$i_{16} = \frac{n_1}{n_6} = \frac{z_2 z_4 z_6}{z_1 z_3 z_5} = \frac{26 \times 21 \times 28}{1 \times 20 \times 21} = 36.4$$

$$n_6 = \frac{n_1}{36.4} = \frac{1500}{36.4} \approx 41 \text{ r/min}$$

转向如图 5.41 中箭头所示。

例题 5-3：如图 5.42 所示定轴齿轮系，已知 $z_1 = 20$，$z_2 = 30$，$z'_2 = 20$，$z_3 = 60$，$z'_3 = 20$，$z_4 = 20$，$z_5 = 30$，$n_1 = 100$ r/min。逆时针方向转动。求末轮的转速和转向。

解：根据定轴齿轮系传动比公式，并考虑 1 到 5 间有 3 对外啮合齿轮，故

$$i_{15} = \frac{n_1}{n_5} = (-1)^3 \frac{z_2 z_3 z_5}{z_1 z'_2 z'_3} = -\frac{30 \times 60 \times 30}{20 \times 20 \times 20} = -6.75$$

末轮 5 的转速

$$n_5 = \frac{n_1}{i_{15}} = \frac{100}{-6.75} = -14.8 \text{（r/min）}$$

负号表示末轮 5 的转向与 1 首轮相反，顺时针转动。

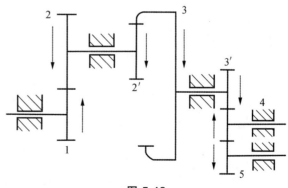

图 5.42

参考文献

[1]　顾淑群. 机械基础[M]. 北京：高等教育出版社，1989.
[2]　李世维. 机械基础[M]. 北京：高等教育出版社，2001.
[3]　庄立球，赵芳印. 工程力学(静力学)[M]. 北京：高等教育出版社，1994.
[4]　劳动和社会保障部教材办公室编. 工程力学[M]. 北京：中国劳动出版社，2009.
[5]　谭学润. 机械零件[M]. 北京：中国石化出版社，1994.